はじめに

ふと見つけた沈没船の記事。それらを実際に「撮ってみたい」と訪れたミクロネシア連邦・チューク州(トラック諸島)で、その生々しさに触れ、涙した。

ダイビングの世界では、レック(Wreck、沈んでいる船や航空機など)を潜ることを「レックダイビング」と呼び、世界的に人気のジャンルである。それらは戦争に起因するものだけではなく、漁礁や観光のために沈められたものも含まれる。私がレックの撮影を始めたのが2010年。当時、日本ではレックダイビングは興味を持たれていなかった。特に日本で紹介されていた海外のレックの多くは先の大戦に起因するもので、それら日本の艦船では、亡くなられた方がいる場合も多い。それらの理由から、潜るという行為が不謹慎という考えもあっただろう。当然、日本人としてその気持ちは理解できるところである。

2020年は終戦から75年。私を含め、戦争を知らない世代の方が多い時代だ。その世代の一員である私が海底に残る戦争の爪痕に潜り、触れることで、撮りたいという気持ちだけではなく、先人たちがなぜこの地を訪れ、命を落とすことになったのか興味を持つようになった。やがて、世界各地を巡り、撮影を続け、写真展などを開催するようになり、元乗組員や、ご遺族の方などから感謝の言葉、連絡をいただくようになった。「見せてくれてありがとう」……と。続けていてよかったと思う瞬間である。

今回、紹介しているレックのほとんどは、すでに場所が特定されていたものであり、ダイビングスポットとして、スキルによる可否はあれど、皆さんでも訪れ、潜ることのできる場所も多く紹介している。ダイビングは、基本的には一人では潜ることはリスクの観点からNGとされており、現地のダイビングガイドに案内してもらうことが多い。それらのガイドさんは、レックを守る「防人」、歴史を伝える「伝道師」のような役割があると感じており、大変、感謝している。

この本を上梓することで、現代を生きる皆さんが、平和について改めて考えるきっかけとなり、願わくば、国を想い、家族を想い、散華されたご英霊の慰霊・顕彰にもつながればと考える。

水中という特殊環境下にあることで守られてきたものだが、特にこの数年、自然の力には抗えず、経年劣化や崩落が進み、いつまでも残っているものではないという現実を突きつけられる。だが、残っている限りは、ライフワークとして撮影を続け、皆さんにこうしてお伝えできる機会を今後も作れたらと思っている。

戸村裕行

鬼怒川丸

目次

りおでじゃねいろ丸(Photo/USN)

海底の戦跡
——艦船・航空機がそこに沈む理由

文／小高正稔　図版／田端重彦（PanariDesign）

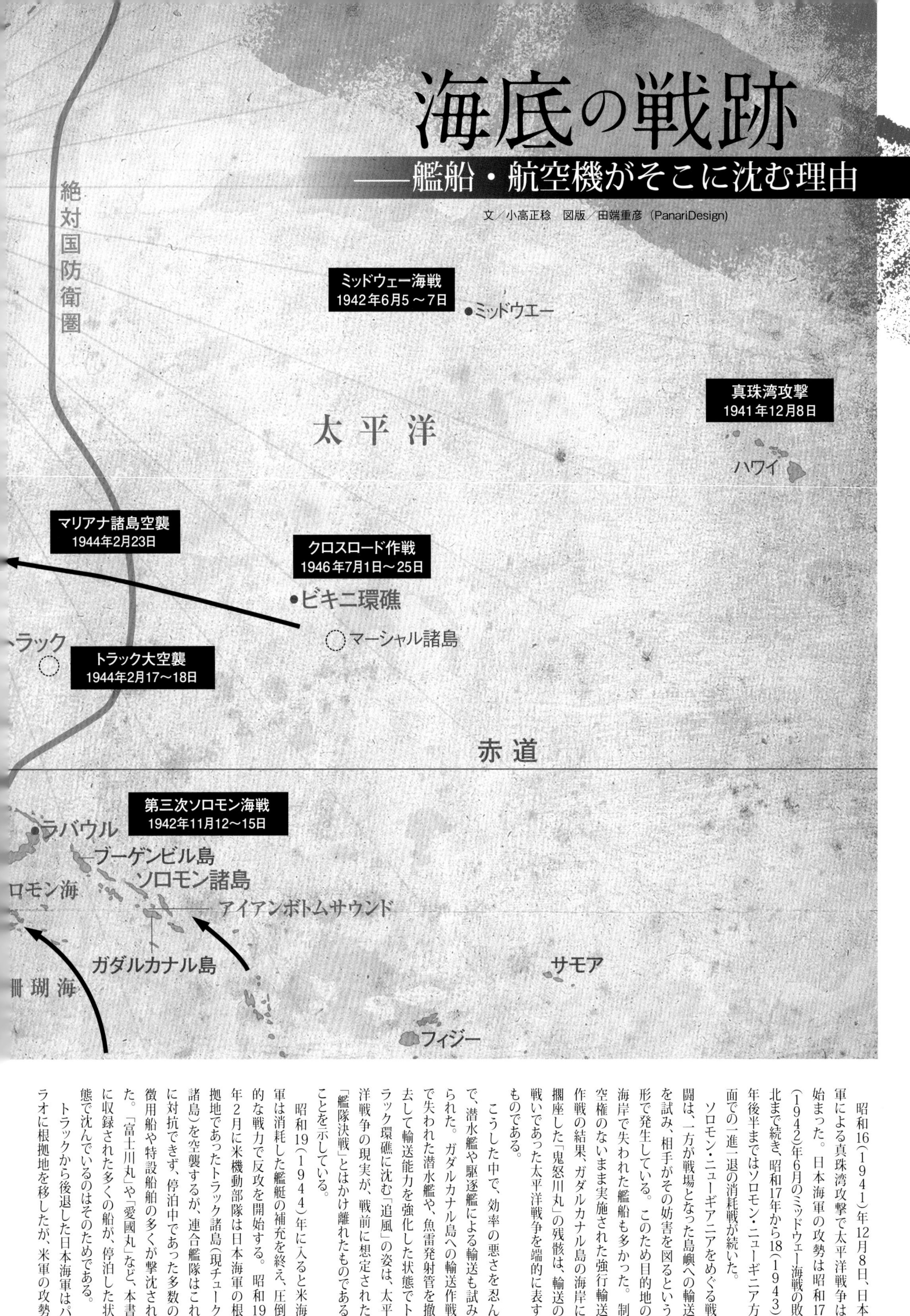

昭和16（1941）年12月8日、日本軍による真珠湾攻撃で太平洋戦争は始まった。日本海軍の攻勢は昭和17（1942）年6月のミッドウェー海戦の敗北まで続き、昭和17年から18（1943）年後半まではソロモン・ニューギニア方面での一進一退の消耗戦が続いた。

ソロモン・ニューギニアをめぐる戦闘は、一方が戦場となった島嶼への輸送を試み、相手がその妨害を図るという形で発生している。このため目的地の海岸で失われた艦船も多かった。制空権のないまま実施された強行輸送作戦の結果、ガダルカナル島の海岸に擱座した「鬼怒川丸」の残骸は、輸送の戦いであった太平洋戦争を端的に表すものである。

こうした中で、効率の悪さを忍んで、潜水艦や駆逐艦による輸送も試みられた。ガダルカナル島への輸送作戦で失われた潜水艦や、魚雷発射管を撤去して輸送能力を強化した状態でトラック環礁に沈む「追風」の姿は、太平洋戦争の現実が、戦前に想定された「艦隊決戦」とはかけ離れたものであることを示している。

昭和19（1944）年に入ると米海軍は消耗した艦艇の補充を終え、圧倒的な戦力で反攻を開始する。昭和19年2月に米機動部隊は日本海軍の根拠地であったトラック諸島（現チューク諸島）を空襲するが、連合艦隊はこれに対抗できず、停泊中であった多数の徴用船や特設船舶の多くが撃沈された。「富士川丸」や「愛國丸」など、本書に収録された多くの船が、停泊した状態で沈んでいるのはそのためである。

トラックから後退した日本海軍はパラオに根拠地を移したが、米軍の攻勢

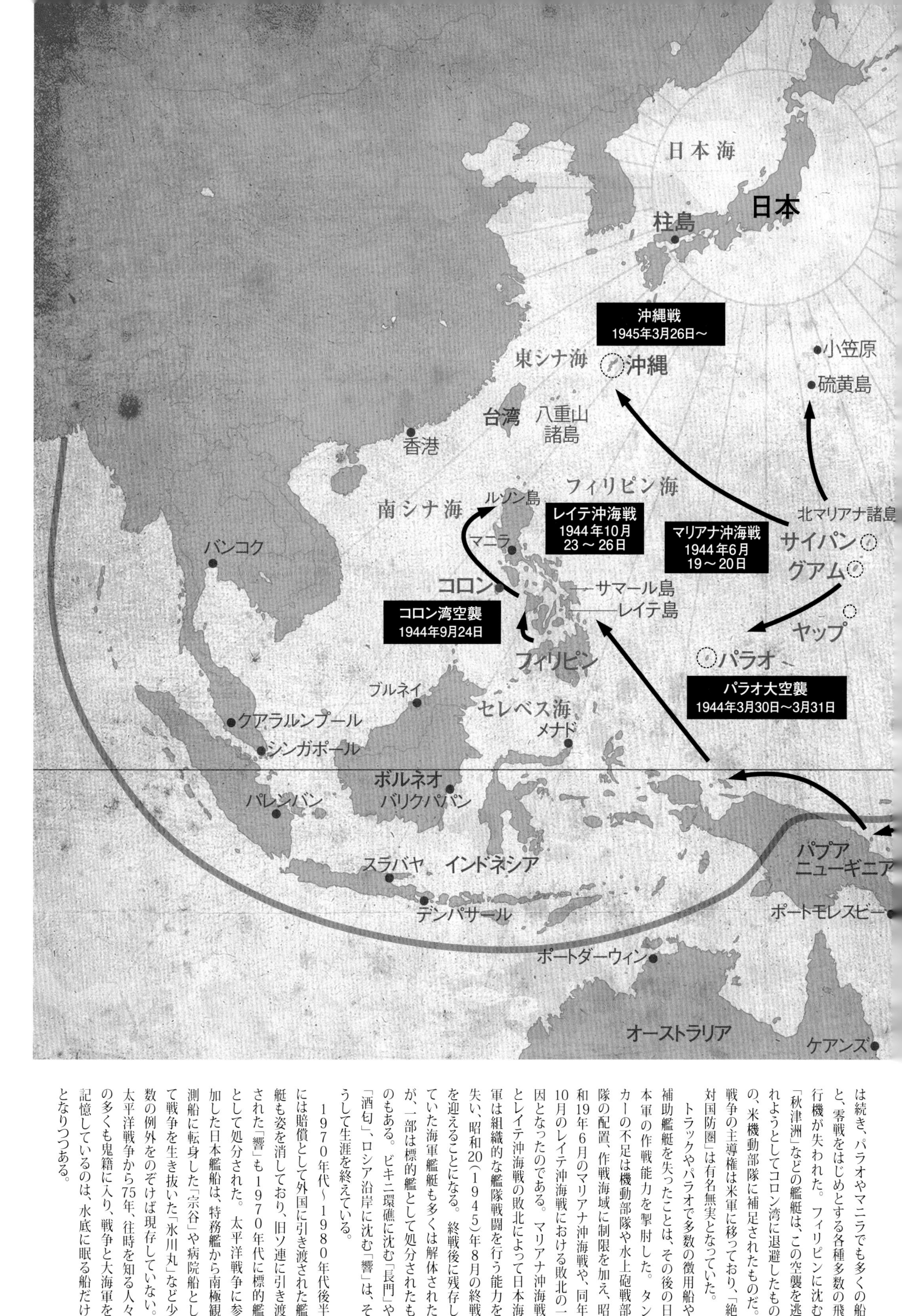

は続き、パラオやマニラでも多くの船と、零戦をはじめとする各種多数の飛行機が失われた。フィリピンに沈む「秋津洲」などの艦艇は、この空襲を逃れようとしてコロン湾に退避したものの、米機動部隊に補足されたものだ。戦争の主導権は米軍に移っており、「絶対国防圏」は有名無実となっていた。

トラックやパラオで多数の徴用船や補助艦艇を失ったことは、その後の日本軍の作戦能力を掣肘した。タンカーの不足は機動部隊や水上砲戦部隊の配置、作戦海域に制限を加え、昭和19年6月のマリアナ沖海戦や、同年10月のレイテ沖海戦における敗北の一因となったのである。マリアナ沖海戦とレイテ沖海戦の敗北によって日本海軍は組織的な艦隊戦闘を行う能力を失い、昭和20（1945）年8月の終戦を迎えることになる。終戦後に残存していた海軍艦艇も多くは解体されたが、一部は標的艦として処分されたものもある。ビキニ環礁に沈む「長門」や「酒匂」、ロシア沿岸に沈む「響」は、そうして生涯を終えている。

1970年代〜1980年代後半には賠償として外国に引き渡された艦艇も姿を消しており、旧ソ連に引き渡された「響」も1970年代に標的艦として処分された。太平洋戦争に参加した日本艦船は、特務艦から南極観測船に転身した「宗谷」や病院船として戦争を生き抜いた「氷川丸」など少数の例外をのぞけば現存していない。太平洋戦争から75年、往時を知る人々の多くも鬼籍に入り、戦争と大海軍を記憶しているのは、水底に眠る船だけとなりつつある。

本書で紹介する艦船・航空機の眠る主なポイント

文／戸村裕行　図版／田端重彦（PanariDesign）

ビキニ環礁（マーシャル諸島）

ビキニ環礁とクワジェリン環礁

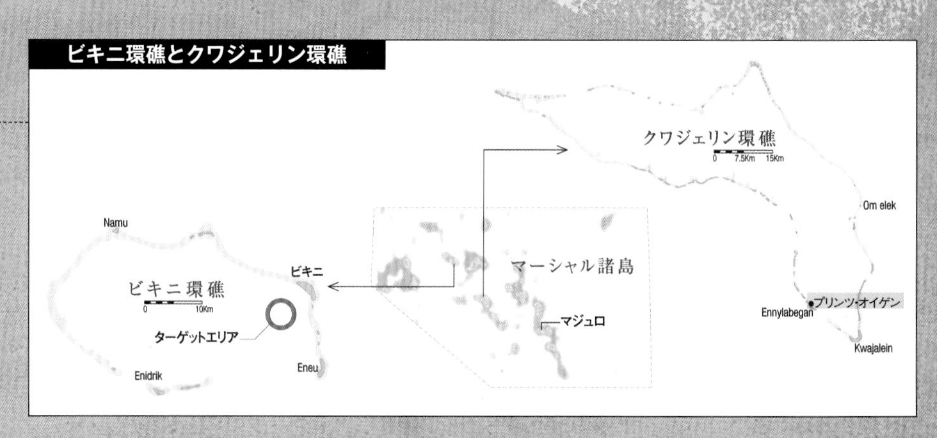

私がビキニ環礁を訪れたのは2018年。かつてビキニ環礁は、エニュー島に作られたビキニ環礁空港からボートで30分ほどのビキニ島にホテルやダイビングサービスを作り、核実験によりこの地に眠ることになった多くのレック（沈没船など）を潜るダイバーの聖地となっていた。しかし、燃料の高騰により、ビキニ環礁空港への便が運休、ダイビングサービスも閉鎖され、2018年に訪れた際には廃墟のような状態になっていた。

このような状態から、当時、ビキニ環礁へは「環礁内にてダイビングを許可されたボートをチャーターして行く」という方法に限定されており、高額なチャーター費用や潜れる季節も限定的であるため、誰でも行ける場所ではなかった。

そこで、クラウドファンディングを活用して資金を募り、多くの方の支援を賜りながら目標額を達成、撮影に臨んだ成果が本書の写真群である。ビキニ環礁では戦艦「長門」や軽巡洋艦「酒匂」、米空母サラトガ、戦艦アーカンソーなど、多くの艦船と出会うことが可能だ。

トラック諸島（ミクロネシア連邦チューク州）

世界的に見て、50近くあるレック（沈没船など）のポイントとともに、おそらく世界一の質量を誇るのが、このトラック諸島、現在はミクロネシア連邦・チューク州という名前で呼ばれる場所だ。

とにかくこのチュークのレックには、船内に非常に多くの遺留物が残っている。他のエリアではほとんどが引き上げられてしまっているものもここでは保護され、当時の生活を垣間見ることができるのだ。

ここチュークは私がレックの撮影を「ライフワーク」として続けるキッカケとなった場所でもある。私が初めて訪ねたのは2010年頃で、当時は島のメインストリートは舗装もされておらず、燃料不足から電力も不安定で、毎日計画停電をしているような場所であった。

今でも年に2回ほど訪れ撮影を続けている思い入れのある場所だが、私がこの地に通い続けられるのも、現地でダイビングショップ「トレジャーズ」を続ける横田圭介氏、海野恵莉氏の両名、最初の数年お世話いただいた鵜口尊信・裕紀夫妻のおかげと感謝している。

チュークの主なレックポイント

グアム島（アメリカ）

きれいな海、水族館のような光景を目的に訪れる日本人ダイバーが多いであろうグアムの地に、レック（沈没船など）ポイントがあるということは、残念ながらあまり知られていないように感じている。

レックポイントとしては、先の大戦でこの地に眠ることになった、日本の商船史を語る上で、非常に重要な役割を担う「東海丸」がその筆頭だが、実は、第一次世界大戦中、補給のためにグアムに寄港していたドイツの船「SMS コーモランⅡ」という船が、この地で降伏せずに自沈の運命を辿っており、「東海丸」はその「コーモラン」の上に重なるように沈んでいる。その結果、世界で唯一といえる、異なる世界大戦で犠牲となった艦船を見ることのできる場所として、世界的に知られている。

グアムには「東海丸」以外にも、大砲がきれいに残る「木津川丸」や、零式水上偵察機、九九式艦上爆撃機などの航空機も残っている。レックを知ることで、にぎやかな観光地として潤うグアムのまた違った側面を感じることができるのではないだろうか。

グアムの主なレックポイント

コロンの主なレックポイント

コロン（フィリピン）

日本からフィリピン・マニラを経由して、北パラワンに属するブスアンガ島に降り立つ。目指す場所は拠点となる「コロンタウン」。この島の隣に「コロン島」という島があるが、コロンタウンがあるのはブスアンガ島の方でコロン島ではない。

日本人ダイバーにとっては、この地はレック（沈没船など）があることよりも、自然のジュゴンと出会える海として有名になった。ブスアンガ島のダイブサイトは北部と南部に分かれ、ジュゴンが見られるポイントは北部、レックの多く眠るコロン湾は南部に位置している。

この湾には、「秋津洲」や「伊良湖」といった有名な艦船も含め、約10隻の日本艦船が眠っている。この地を訪れる際に注意をしなければならないのは、ショップによって船の名前が異なることだ。これは元々名前のついていた艦船などを再調査した結果分かった正しい名前と、元々のついていた名前をポイント名として今も使っているショップがあるからである。私がコロンの撮影を始めて2年目に、現地でダイブショップを経営していた日本人、齊藤勉氏と出会い、撮影が非常に捗ったことを感謝したい。

パラオ（パラオ共和国）

グアムとフィリピンの中間ほど、太平洋に浮かぶ島々から構成されているパラオ共和国。非常に親日的で、旅行者に大変人気の国である。2012年には世界でも数が少ない複合遺産として世界遺産に登録された。

このパラオにも大小さまざまな30近いレック（沈没船など）が眠っており、そのほとんどが日本の艦船である。代表的なものとして日本海軍のタンカーだった「石廊」などが挙げられるが、写真展などのメインとして皆さんにご覧いただいている「零式三座水上偵察機」もこのパラオで出会うことができる航空機だ。

数年ほど前までは、戦争に関連するものとして、特に日系ダイビングショップは積極的にレックダイビングに取り組んではいなかった。しかし、戦後70年となる2015年に天皇陛下がパラオをご訪問されたあたりから、パラオの歴史に対して向き合う動きが広まり、初年度は「BLUE MARLIN」さん、翌年からは「DAYDREAM PALAU」さんとともに、継続してパラオの沈船群の撮影に臨んでいる。

パラオの主なレックポイント

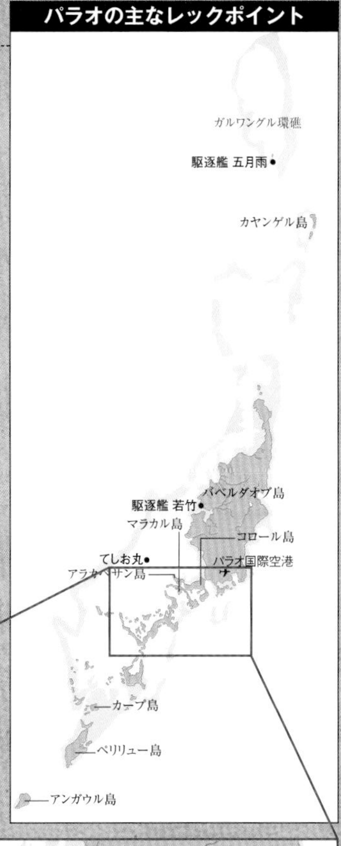

ソロモン諸島の主なレックポイント

USS Duncan
比叡
USS Quincy
フロリダ島
霧島
吹雪
bow of USS Minneapolis
HMNZS Moa
USS Blue
九七式飛行艇
USS Kanawha
サボ島
USS Vincennes
ツラギ
菊月
USS De Haven
USS LST-342
PT-44
綾波
USS Aaron Ward
USS Cushing
PT-123
伊号第三潜水艦
USS Astoria
USS Laffey
PT-37
USS Walke
夕立
HMAS Canberra
PT-111
PT-112
USS Preston
USS Northampton
伊号第一潜水艦
アイアン・ボトム・サウンド（鉄底海峡）
巻雲
高波
照月
USS Barton
笹子丸
秋月
USS Monssen
吾妻山丸
九州丸
USS Atlanta
USS Gregory
USS Little
USS George F Elliott
宏川丸
鬼怒川丸
ガダルカナル島
山月丸
USS Chlhoun
USS Serpens
YP-284
USS Jhon Penn
山浦丸
USS Seminole
ホニアラ

ソロモン諸島

ソロモン諸島といえば、餓島として知られる「ガダルカナル島」、そしてソロモン沖海戦などの舞台となり、戦艦「比叡」などを筆頭に、多くの艦船が眠ることからその名がついた「アイアンボトムサウンド（鉄底海峡）」が有名である。もっとも、海峡は大深度となるために、実際にダイビングで出会える艦船はそう多くはない。

今回、本書に収録されている艦船、航空機は、ガダルカナル島や、かつて司令部などが置かれ、ガダルカナル島からボートで1時間ほどで到着するフロリダ諸島で撮影されたものになる。ソロモンの主要空港であるホニアラ国際空港から、国内線で目と鼻の先の「ムンダ」や「ギゾ」といった島々にもダイビングショップがあり、南洋の宝石と謳われたソロモンの美しいエメラルドグリーンの海の中に鎮座する日本の艦船や航空機に出会うことができる。また、陸上にも多くの戦跡が観光資源として残っており、ぜひそちらも訪れてほしいと思う。

艦船の各部名称一覧

文／小高正稔　イラスト／ビットロード

船橋

軍艦で言うところの艦橋であり、いわゆる「ブリッジ」。外輪蒸気船時代に外輪部を跨ぐようにかけた「橋」の上から操船指揮をとったことが名称の由来である。船橋内には方位を示す羅針儀や機関室への指示に用いるテレグラフなどが装備されており、これらは沈没船の船橋でもしばしば確認できる。

煙突

日本における民間船舶は、昭和の初期からそれまでの蒸機タービンにかわってディーセル化が進んでいる。排煙などが少なくなったために、ディーゼル化に伴い煙突は全体に小さくできるようになったが、デザイン上の問題から煙突の太さや高さは調整されることもある。平時は運航会社によって会社ごとのファンネルマークが描かれていた。

船室

客船や貨客船の場合、船橋の背後に乗客用の船室が続く形で船体上部構造物はデザインされる。船室のグレードは投入される航路などによってさまざまであり、竣工した時期によっても内装デザインを洋風とするか和風とするかなどの変遷があった。特設潜水母艦などでは、そのまま潜水艦乗員の休養などに使用されている。船室に面した外舷側の通路は天蓋を設けた開放式の通路となっており、プロムナードデッキと呼ばれる。

デリックポスト

デリックブームやデリックを操作するワイヤーの支点となる柱がデリックポストである。単脚や門型、太さや断面形状など形状はさまざまだが、これは船倉口とデリックブームのレイアウトのほか、運航会社や建造会社によるデザイン性も影響する。内部は中空の円筒構造のため、通風筒を兼ねるものなどもある。

デリックブーム

荷役に用いるデリックの「腕」。構造的には基部が自由に動く棒である。輸送船が自分で荷役を行うことの多かった時代には標準的な装備であったが、現代のようにコンテナ輸送が中心となり、岸壁につけて港湾側の施設で荷役するようになると廃れてゆき、現在の輸送船ではまず見ない。

主錨

船首には主錨（アンカー）が備わっている。錨は錨鎖（アンカーチェーン）と結合されており、揚錨機（ウインドラス）で操作される。海軍艦艇では艦首に主錨がすっぽりと収まる「アンカーレセス」と呼ばれる窪みを設けることも多いが、民間船では錨鎖の繰り出し口付近に「ベルマウス」と呼ばれる補強を設けることも多い。

砲と砲座

海軍に徴用されて特設軍艦籍におかれた船は、一般に艦首尾などに砲座を設けて自衛用の火砲を搭載している。対空機銃を搭載する場合は、船橋周辺に装備することが多かった。搭載火砲は旧式砲が中心で日露戦争時の艦艇などに搭載された15cm砲などの搭載が知られている。陸軍の徴用輸送船などでは船舶砲兵によって操作される陸軍の火砲で野砲や高射砲、対空機関砲などが適宜搭載された。

舵

船の進行方向を制御するための装置だが、釣り合い舵や半釣り合い舵など形式はさまざまである。現在では広く見られるバウスラスターのような装備は、第二次世界大戦期の貨物船では見られない。

喫水線
吃水
垂線間長
全長

推進器

スクリューやプロペラとも呼ばれる。大型軍艦では4軸推進なども多いが、民間の貨物船の場合は効率に勝る1軸か2軸推進が大半。スクリューは特殊鋼性の大型鋳造品で製造には高度な技術が必要とされる。

ビルジキール

船体底部に設置されたヒレ状の構造物、船の左右の動揺を抑えるためのもので、これがないと荒天下ではひどく動揺することになる。二等輸送艦のように直接海岸に乗り上げる運用の船にはない。海底で横倒しになったり、裏返しになっている船では確認できることがある。

揚錨機

揚錨機（ウインドラス）は、その名のとおり錨や錨鎖を巻き上げるための装備である。強度が必要であるために大きくガッチリとした作りとなっており、沈没船でもほとんどの場合、原型を保っている。

ウィンチ

デリックの操作のため、一般的には周囲の甲板上にはウィンチが設置されている。大正期の建造船では、機関から供給される蒸気を動力とする蒸気ウィンチも多かったが、太平洋戦争期の新造船では、多くが電動ウィンチとなっている。

愛國丸（1944年）

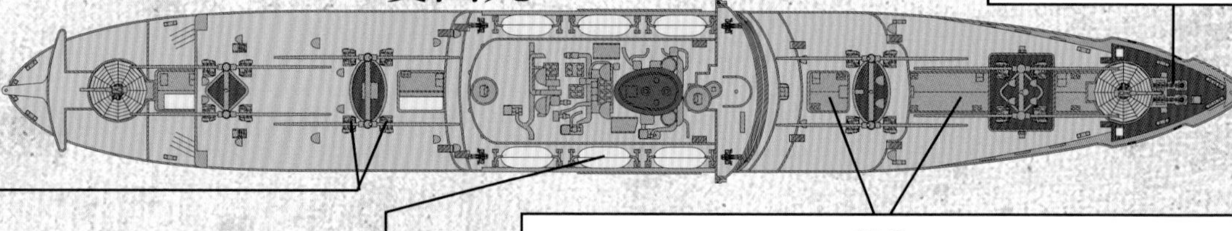

端艇（短艇）と端艇（短艇）甲板

貨物船・貨客船には乗員・乗客数に応じた救命艇の搭載が義務付けられており、こうしたボート類を搭載する端艇甲板があった。端艇甲板にはボート類の揚げ降ろしを行うためのボートダビットが装備されていたが、こうした装備は陸海軍に徴用された場合でもそのまま残された。これはカッターや小発といった小型の艦載艇は民間船のボートダビットでも運用できたからである。比較的大型の内火艇や大発の場合はこうした装備では運用できないため、甲板上に搭載してデリックで揚げ降ろしすることになる。

船倉口

貨物船や貨客船の甲板には、船倉への貨物の積み込み用開口部が設けられている。これが船倉口である。航海時の海水進入を防ぐために周囲には立ち上がりが設けられており、ハッチボードと呼ばれる板で蓋をした上からカバーをかけて密閉される。特設艦艇や輸送船として兵員や馬匹の輸送に使用される場合、船倉内に寝台などが設置され、船倉口のハッチボードを切り欠くかたちで昇降口や通風筒などを設置するのが常である。

全長と垂線間長

艦船の「長さ」を表す指標は数種類がある。一般的な感覚で「長さ」と考える場合は「全長」となるが、これは船渠への入渠や岸壁に接岸する場合に重要であるものの、民間船舶の長さを示す指標としては、必ずしもメジャーなものではない。民間船舶の場合に広く使用されるのは「垂線間長」であり、本書でも原則として徴用船や特設艦艇は垂線間長を採用している。

この垂線間長とは、前部垂線と後部垂線の間の距離を示すもので、船首水線部（喫水線の先端）から線尾材後端（一般的には、舵や推進器付近）までの長さとなり、全長よりも短くなる。こうした数値が用いられるのは商船設計に便利なためで、理由のあることであるが、しばしば全長や登録長、水線長（発音が同じでややこしいが、主に軍艦に用いられ、商船で用いられることは少ない）との取り違えが見られるので注意が必要である。

排水量と総トン数

軍艦では、その大きさを示す指標として「排水量」が広く用いられる。排水量は、大きなタライに軍艦を浮かべたときにあふれる水の量と考えればよく、その軍艦の「重さ」を示している。

基準排水量や満載排水量などは、どのような状態（燃料、弾薬などをどの程度まで搭載した状態か）による違いを表している。

一方で民間船舶の大きさを表すための主たる指標としては「総トン数」が用いられる。名称に「トン」が入っているために紛らわしいが、これは重量を表すものではなく、容積を表す指標である。総トン数1000トンの船の重量が1000トンというわけではない。

総トン数は、船舶の船体や上部構造物の密閉された空間容積によって算出されるので、船体に変化がなくても密閉された空間が増えれば総トン数は増え、開放されれば減少する。戦前の貨物船では一部の甲板に意図的に水密構造を持たせず、総トン数にカウントさせないための「減トンハッチ」をもつものあった。これは船舶への各種課税が総トン数を対象に算出されるためである。

クロスロード作戦

浅深度水中爆発実験「ベーカー」
1946年7月25日(Photo/USN)

「クロスロード作戦」は1946年にビキニ環礁で実施された大規模な核実験の総称である。「クロスロード作戦」の目的は、艦船や機材、乗員に対する核爆発の影響を調査することで、空中爆発実験「エイブル」、浅深度水中爆発実験「ベーカー」、深深度水中爆発実験「チャーリー」からなっていた。

実験には、戦争終結により余剰になった旧式艦艇や小型艦艇、日独海軍から接収した艦艇など各種合計で約70隻が標的として使用され、豚やヤギ、マウスなどの実験動物も配置された。また研究者や作業員など実験に参加するスタッフを支援するために多数の艦艇が動員され、参加した人員は42,000人を数えた。

実験は1946年7月1日の空中爆発実験「エイブル」から始まり、7月25日には浅深度水中爆発実験「ベーカー」が実施されたが、ベーカーによる放射能汚染がひどく、深深度水中爆発実験「チャーリー」の実施は見送られた。ちなみに「酒匂」は「エイブル」によって「長門」と「サラトガ」は「ベーカー」によって沈没している。

「ベーカー」で沈没を免れた艦艇は、クェゼリン環礁に回航され、調査を行うための除染が実施されている。「プリンツ・オイゲン」がビキニ環礁から離れたクェゼリン環礁で沈んでいるのは、このためである。なお標的艦として参加した艦艇の処分は、1948年までに完了した。

戦艦「長門」主砲砲身

戦艦

「長門」

海底に横たわる「長門」の艦橋上部。羅針艦橋付近で折れて、船体から脱落している。向かって左側が上部で、右側に見えるのは着底した船体。写真は副砲指揮所付近を正面から見ており、その上にあった防空指揮所や戦闘艦橋は、海底に接触したときに破壊されてしまっているが、全体としては原型をとどめていることが見てとれる

裏返って着底した船体の上部構造物は、満載排水量4万トンを超える「長門」自身の自重によって押しつぶされ、戦後70余年の経時劣化もあって付近の海底に散乱している。写真中央には煙突脇にあった高角砲指揮所が裏返しになり、射撃指揮装置が脱落している。ダイバーに圧し掛かるように見えているのが、「長門」の船体。人間との対比で、その大きさが具体的に把握できるだろう

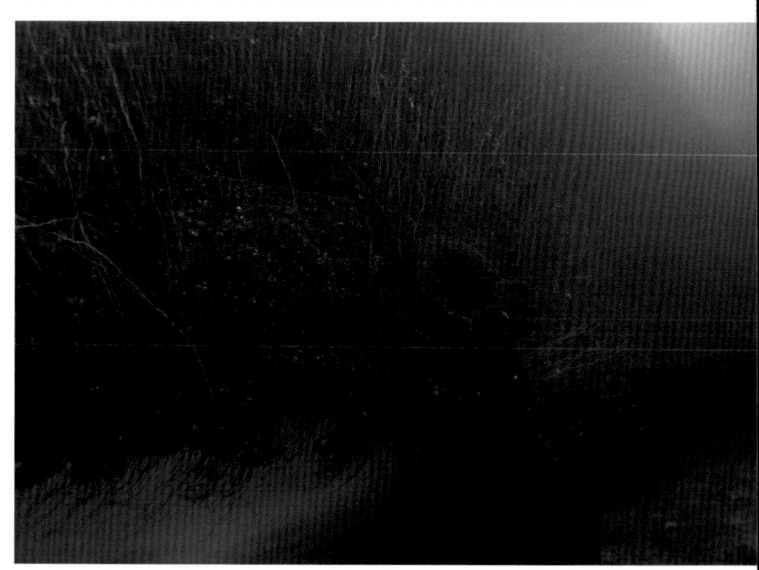

上下逆になっているが、長門の艦首部分。写真中央のリング状の部分が「ベルマウス」で、錨鎖の繰り出し口。主錨はこの部分に収容されるため、強固な作りとなっている。近くに見える小判型の切り欠きのような部分は「フェアリーダー」で曳索を通す部分で、艦の「顔」を構成する要素である

往時には50口径三年式14cm単装砲が装備されていた副砲砲廓周辺の様子。「長門」は甲板を下に船体が裏返った状態で着底しているため、ダイバーの頭上が甲板面となる。写真に見える円筒状の張り出しが副砲の装備位置で、切り欠きになっている部分から、14cm単装砲の砲身が覗いていた。

戦艦

「長門」

(Photo/USN)

戦艦「長門」(1945年9月)

DATA(大改装後)

基準排水量	39,050t
主要寸法	全長224.94m ×最大幅34.60m×吃水9.46m
主機	艦本式タービン4基4軸 82,000馬力
最大速力	25.28ノット
兵装	45口径41cm連装砲4基 50口径14cm単装砲18門 40口径12.7cm連装高角砲4基 25mm連装機銃10基
竣工年月日	大正9(1920)年11月25日
沈没年月日	昭和21(1946)年7月29日

沈没地点

マーシャル諸島・ビキニ環礁

水深　50m

【海底への道程】

姉妹艦「陸奥」と共に長く連合艦隊旗艦を務めたことで知られる戦艦「長門」は、大正6（1917）年に呉海軍工廠で起工され、大正9（1920）年にいわゆる八八艦隊計画における戦艦の第一艦として竣工した。40㎝砲の搭載に加え、英海軍から提供された「クイーン・エリザベス」級の設計資料を参考に26ノットの高速戦艦として完成した「長門」は、竣工当時、世界最強の戦艦であった。

その後のワシントン・ロンドン海軍軍縮条約によって、主要海軍国における新規の戦艦建造が約20年間にわたって停止されたこともあり、「長門」は日本海軍の象徴であり続けた。「長門と陸奥は日本の誇り」と子供向けのカルタにも詠まれている。

太平洋戦争において「長門」が本格的な戦闘を経験するのは、昭和19（1944）年6月のマリアナ沖海戦以降となったが、同年10月のレイテ沖海戦では米護衛空母群と交戦、「大和」らと共に米駆逐艦の撃沈を記録している。だが昭和20（1945）年初旬には燃料不足から洋上作戦を諦め、横須賀で実質的な浮砲台となり終戦を迎えた。

航行可能な状態で米軍に接収された「長門」は、各種の調査を受けた後、昭和21（1946）年の原爆実験クロスロード作戦の標的艦とされた。7月1日の空中爆発実験「エイブル」に耐え、25日の水中爆発実験「ベーカー」にも参加したが、この実験において船体に浸水を生じ、29日の夜半に沈没した。船体は半ば裏返っているが、艦橋構造物などよく原型を留めている。

裏返った船体を支えるように海底に接している40cm連装砲塔。主砲は45口径三年式40cm砲であるが、実口径は16インチ=40.6cmを繰り上げた41cmである。圧しかかる艦の重量に圧迫されたからか、砲塔の前盾(正面装甲)が剥落しており、隙間が空いてしまっている

艦首を正面から見上げた一枚。「長門」は浸水により傾斜横転して沈んでおり、船体と主錨を結ぶ錨鎖は艦首を巻き込んでいる。普段は見ることのできないアングルの写真だが、艦首水線下の形状は薄く、波切がよさそうであり、26ノットの高速戦艦として誕生した「長門」の性格を物語っている

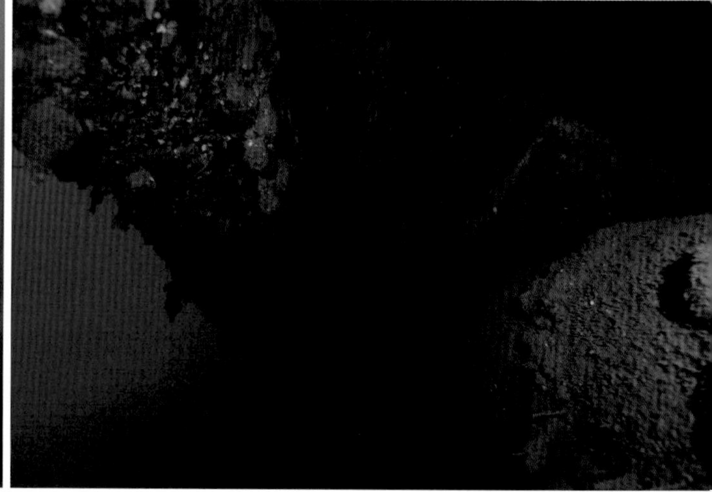

正面から見た主砲塔。船体の下に潜り込んでの撮影で、40cm砲の砲身が見えている。この砲は重量1トンの砲弾を秒速790m/sで撃ち出す性能をもつ。主砲戦距離である2万mで垂直450mmの鋼鈑を貫通可能という能力を持っていたが、実戦での対艦射撃の機会は一度、サマール島沖海戦しかなかった

【海底での邂逅】

日本海軍の象徴として親しまれ、戦間期、40㎝砲を搭載する7隻の戦艦、"世界のビッグセブン"の1隻として日本を代表する戦艦であった「長門」。しかし数々の戦いに参加した後、戦争末期は燃料不足などにより横須賀に係留され、横須賀空襲で中破し終戦を迎えた。戦後、米軍に接収された「長門」は、武装解除後にマーシャル諸島・ビキニ環礁に向かい、核実験の標的艦としてこの地に眠ることになった。

艦橋などの重さから、沈没時に逆さまになった状態で着底した船体は、全長224・94mと巨大で、1回のダイビングですべてを見て回るのは難しい。「長門」を潜るということは「夢を叶えること」——。そう言えるほどハードルの高いこのポイントは、水深50mと深く、潜れる回数は1日2回。水中で呼吸するためのガス(エアー)残量などの制約から、最大水深に滞在する時間を、今回は約20分程度とする潜水計画を立て、艦尾のスクリューに結びつけてあるブイに私たちの滞在しているダイビング専用の母船を繋ぎ、エントリーをした。

前述の通り、一度に見て回るのは難しいので、艦尾、主砲、艦橋、艦内、艦首と、数日間にわたり、場所を決めて「長門」の現在(いま)を撮影。あると言われていた羅針艦橋が崩れていたりと予期せぬ事態もあったが、未だ残る4基4軸のプロペラの迫力、第一、第四主砲はしっかりと大砲と分かる状態で今も砲塔が支えている。何度潜っても新しい発見があり、また必ず会いに行きたいと思っている。

1／海底に横たわり、なかば砂に埋もれた艦橋頂部の測距所付近。主砲用の九四式10m二重測距儀や、防空指揮所があるフロアだが、前面の防空指揮所は砂に埋もれて確認できない。飛び出している角のような部分は信号桁で、膨らんで丸く見える部分に2kw信号灯が装備されていた
2／艦橋に残されていた4.5m測距儀。現代風に言えば基線長4.5mのステレオ・レンジファインダーとなり、左右の腕の先端部からの映像を合致させて距離を測定する仕組み。主砲前部予備指揮所のあるフロアの両舷に装備されていた。写真のものは左舷側の測距儀である
3／海底に横たわるヒレ状の部材。確証はないが、船底部のビルジキールが脱落しているようにも見える。先端部の少し先から凹んでいるが、類似の損傷が至近弾を受けた艦艇にも確認できるので、これは「長門」の沈没原因となった原爆の水中爆発事件「ベーカー」によって生じた可能性がある

艦尾に残る巨大なスクリューと舵。写真中央に見えているのは右舷内軸のスクリューで、推進軸を支えるシャフトブラケットも確認できる。奥に左舷内軸のスクリューも見えているが、「長門」は4軸推進なので、この外側にもスクリューがある。向かって右に写り込んでいるのは並列二枚舵の右舷側

右舷側上方から見た船体中央部。クロスロード作戦における空中爆発実験「エイブル」によって、「酒匂」は艦橋より後ろの艦上攻防物を全損しているため、煙突も倒壊して失われ、甲板上に開口した煙路が見えている。写真中央の甲板上に並ぶ矩形の穴がそれで、缶からの排気を煙突に導くための開口部である

艦の後部にあった三番砲塔周辺の様子。三番砲塔の前方には後部艦橋やマストがあり、その前方には航空作業甲板や煙突があったが、これらの上部構造物は原爆の炸裂による強烈な爆風によって倒壊し、原型をとどめなかった。三番砲塔の周囲に崩れかかっているのが、その残骸なのだろう

艦首の一番砲塔付近から後方を見る。艦橋や煙突は失われているが、砲塔前の甲板上にはホーザーリールが残っているなど、往時の面影はある。砲塔の15.2cm砲の砲身が見当たらないが、これは復員輸送時に撤去され、復旧されなかったため。クロスロード作戦時の「酒匂」は、測距儀や電探などを除けば非武装状態であった

軽巡洋艦

「酒匂」

軽巡洋艦「酒匂」(1946年 クロスロード作戦時)

DATA

基準排水量	6,651t
主要寸法	全長174.5m ×最大幅15.2m×吃水5.71m
主　　機	艦本式タービン4基 4軸 100,000馬力
最大速力	35ノット
兵　　装	15cm連装砲 3基 8cm連装高角砲 2基 25mm3連装機銃 10基 25mm単装機銃 22基 4連装魚雷発射管 2基 爆雷投下軌条 2基
竣工年月日	昭和19(1944)年11月30日
沈没年月日	昭和21(1946)年7月2日

沈没地点

マーシャル諸島・ビキニ環礁　水深　55m

【海底への道程】

日本海軍の軽巡洋艦戦力は大正期の八八艦隊計画時に整備された「球磨」型からはじまる、いわゆる５５００トン型巡洋艦の建造によって、大正から昭和初期の時点では質、量ともに充実していた。しかし、ワシントン海軍軍縮条約による主力艦保有制限によって、準主力艦としての重巡洋艦の整備が重視された結果、水雷戦隊旗艦等の役割を担う中型巡洋艦の代替は遅れ、太平洋戦争開戦直前に５５００トン型を代替する新型軽巡洋艦の整備が始まった。これが「阿賀野」型軽巡洋艦である。

「酒匂」は「阿賀野」型軽巡洋艦の四番艦として昭和17（１９４２）年に佐世保海軍工廠で起工され、昭和19（１９４４）年11月に竣工している。しかし「酒匂」が竣工したときには、すでに軽巡洋艦が水雷戦隊を率いて活躍する状況はなかった。このため「酒匂」も本格的な戦闘を経験することなく、無傷のまま舞鶴で終戦を迎えた。

「酒匂」は復員輸送に従事した後の昭和21（１９４６）年２月に横須賀で米海軍に引き渡され、原爆実験（クロスロード作戦）の標的艦に供されることになった。このため艦上各所に計測機器を取り付ける架台などが設置されたが、全体としては現役時代の姿をとどめていた。

昭和21年７月１日のエイブル実験（空中爆発）では、爆撃目標から外れた原爆は「酒匂」の艦尾直上で炸裂、強烈な爆風により艦から後ろの上部構造物はなぎ倒され、火災と浸水も発生し、翌２日に艦尾からの浸水によって左舷に傾斜、沈没した。

海底の砂に埋もれかかっている「酒匂」の艦橋。原爆の爆風は艦上構造物を薙ぎ払ったが、煙突などに遮られるかたちで、艦橋は最後まで原型をとどめていた。船体から脱落して海底に横たわったのは、水深が浅いために着底時に艦橋は海底に引っ掛かるように接触し、船体から脱落したのだろう

艦尾甲板の様子。艦尾先端部に四角く見えているのは、爆雷投下軌条かもしれない。このほかに、本来は25mm3連装機銃、25mm単装機銃などが艦尾に装備されていたはずだが、これらの武装は復員輸送時に撤去されている。艦尾舷側には係船時などに使用するボラードらしいシルエットも見える

艦首の錨鎖甲板付近。このあたりはよく原型をとどめており、錨鎖を巻き上げるキャプスタンや甲板上のハッチなども確認できる。キャプスタン付近の一段厚みのある部分は、重い錨鎖によって甲板が傷つかないようにするため。左舷側を半ば海底に埋めている様子は、海底の遺跡のようでもある

軽巡洋艦「酒匂」

【海底での邂逅】

ビキニ環礁を訪れたのは「長門」を撮影するためだったが、日本人として、この「酒匂」にも出会いたいと思っていた。しかし、意外と思うかもしれないが、ビキニ環礁で潜るのに、最も難易度の高いポイントだったのがこの「酒匂」である。

まず、このエリアを訪れるダイバーがほとんど潜らないポイントであり、「レジャー」という観点からこのレック（沈没船）を見ると、特に見所のない艦船という評価であった。ブイも付けられておらず、最悪、潜ることが難しいといわれていた中で、1回だけチャレンジすることができたのは、幸運だったと言えよう。

「酒匂」は戦後、特別輸送艦に指定され、砲身などはすべて取り除いて復員輸送に従事したこともあり、砲塔だけが残っているような状態であった。白砂の上に広がる甲板、そしてうっすらと残る艦橋と見られる一部は砂に埋れてしまっていた。

「一本限り」（ダイビングは1回の潜水を一本と呼ぶ。）という限定された中での撮影。水深は55m、水底にいられる時間は約20分足らずという中で、全長174・5mにもなる「酒匂」を限られた時間内ですべて撮り切らなければならないというプレッシャーの中、かなりのスピードで水中を泳ぎ、ひとつひとつを切り撮っていったのを記憶している。幸運なことに透視度は非常によく、水深55mとは思えないほど水底は明るく、まるで自分がそれだけ深くにいるということを忘れてしまうようだった。

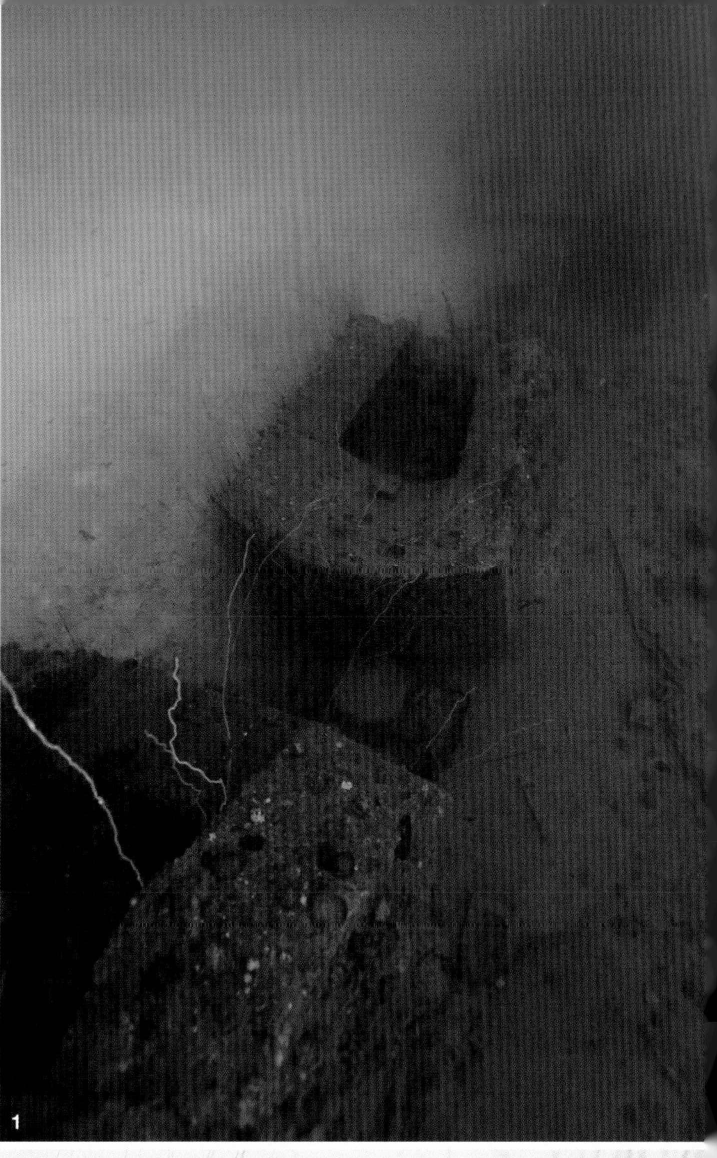

1／二番砲塔付近から一番砲塔を見下ろした様子。健在であった時の「酒匂」の艦橋下部から艦首方向を見れば、こうした光景を見ることができたはずである。低い位置にある一番砲塔は波浪の影響を受けやすいため、実用性の低い砲塔測距儀が装備されていない。このアングルから見るとシンプルな砲塔形状が際立つ
2／砂に埋もれた甲板上に立っているのは、呉式二号五型射出機（カタパルト）の基部。「酒匂」の射出機は終戦時には装備されていたが、復員輸送時には撤去され、復旧されないまま「クロスロード作戦」の標的に供されている。あまり見ることのない旋回部や側面のモンキーラッタルなどが興味深い

後部艦橋基部の様子。向かって右側に見えているのが三番砲塔なので、艦首方向は左側で、写真は左舷側の撮影である。写真中央の円筒状の部分は1.5m測距儀の基部。測距儀自体は実験時には撤去されていたと思われる。本来は太い単脚のマストも見えるはずだが、原爆実験の爆風で倒壊して失われている

サラトガの飛行甲板前端部。この部分は改装され、新造時とは形状が変わっている。ダイバーと比較すると十分な幅のようにも見えるが、飛行機が発着艦すると思うと心もとない気もする。長大な飛行甲板長ゆえに、薄暗い水中では飛行甲板全体を見通すことはおろか、船体中央付近にある艦橋などの影も見えない

サラトガの艦尾付近の飛行甲板の様子。サラトガの艦尾付近の飛行甲板は、広範囲に陥没している。右側に見える穴のような部分が飛行甲板の陥没部であり、この飛行甲板の損傷は船体中央部付近まで伸びている。実験直後の映像では飛行甲板に顕著な損傷は見られないので、沈没後に陥没したのだろう

空母

サラトガ

(Photo/USN)

空母 サラトガ (1943-1944年)

DATA (最終時)

基準排水量	50,347t
主要寸法	全長277.2m ×最大幅39.65m×吃水9.3m
主機	重油専焼高温高圧缶12基＋蒸気タービン4基 4軸 218,000馬力
最大速力	35.6ノット
兵装	5インチ連装砲 4基 5インチ単装砲 8基 40mm4連装機銃 24基 40mm連装機銃 2基 20mm単装機銃 24基 搭載機 93機
竣工年月日	昭和2(1927)年11月16日
沈没年月日	昭和21(1946)年7月25日

沈没地点

マーシャル諸島·ビキニ環礁　水深　52m

サラトガの飛行甲板にそって泳ぐダイバーとの対比でその船体規模が伺える。手前は5インチ単装砲で、向かって左側に霞んで見えているのは5インチ連装砲。新造時のサラトガはこの位置に8インチ連装砲を装備していたが、太平洋戦争開戦後に5インチ連装砲に変更し対空火力を強化している

【海底への道程】

空母「サラトガ」は、当初から空母として計画された軍艦ではない。サラトガはもともと「レキシントン」級巡洋戦艦の三番艦として１９２０年にニューヨーク造船所で起工された。しかしワシントン海軍軍縮条約によって米海軍が計画、建造中の主力艦は「コロラド」級戦艦3隻を除いて廃棄されることになり、例外としてレキシントンとサラトガは空母改装を許された。

改装されたサラトガは１９２７年に竣工したが、同様の経緯で誕生した日本海軍の「赤城」「加賀」と比較すると完成度の高い設計で、世界的に見ても最有力な空母であった。

太平洋戦争では１９４２年１月に潜水艦の雷撃により損傷し、その修理を行ったため、珊瑚海海戦やミッドウェー海戦といった主要海戦には参加できなかったが、戦争末期には夜間空母としてレーダーを搭載した夜間戦闘機などを搭載し、夜間攻撃や夜間の艦隊防空に活躍している。最後の損傷は１９４５年２月の特攻機によるもので、１２０名以上の戦死者を出しているが修復され、戦後は復員輸送にも従事した。

戦争を生き残ったサラトガだが、艦齢が長く旧式のため、原爆実験の標的艦とされた。１９４６年７月１日の空中爆発実験「エイブル」での損傷は軽微であったが、25日の水中爆発実験「ベーカー」による損傷は大きく、爆発から7時間後に沈没した。調査のためにサルベージを行うことも計画されたが放射能汚染もあり断念され、現在もビキニ環礁の海底に眠っている。

艦橋の煙突の間から艦橋背面を見る。艦橋背面にはマストがあったが、これは原爆の空中爆発実験「エイブル」の影響なのか、写真からは確認できない。写真中央に見える構造物はボフォース40mm4連装機銃の射撃指揮装置の設置場所。射撃指揮装置自体は撤去されており、見あたらない

艦橋から煙突との間に装備されたボフォース40mm4連装機銃を見る。本来は機銃と射撃指揮装置の背後に巨大な煙突が屹立していたはずだが、原爆実験によって倒壊しているために見ることはできない。ボフォース40mm機銃の大きさが今ひとつ掴みづらいが、実際には小口径砲なみの大きさがある

サラトガの艦橋を前方から見る。サラトガの艦橋は船体の大きさからすると比較的小さい印象だが、こうして見ると、相応の大きさを感じさせる。中央の一段高いフラットには本来5インチ連装砲が装備されていたが、実験前に撤去されている。現役時のサラトガは、5インチ連装砲を艦橋・煙突の前後に4基装備していた

【海底での邂逅】

ビキニ環礁に眠るレキシントン級航空母艦「サラトガ」。水深は甲板で35～40ｍほど、水底で50ｍにも達するこの艦は、正立状態でビキニの海底に眠っている。

甲板上は残念ながら経年劣化も手伝い、多くの部分が陥没してしまっているが、全長270ｍあるサイズ感は他の艦船と比べ物にならないほど巨大である。ただ、撮影をした際にはあまり透視度がよくなく、多くを写し出すことが難しかった。

ビキニ環礁を訪れる欧米人などのレックダイバー（沈没船などを潜るダイバーのこと）の一番人気は、やはりこのサラトガだそうだ。「長門」を目的として訪れた私たちが、何度も「長門」を潜ることに「何がそんなに面白いんだ？」とガイドをしてくれたアメリカ人のブライアン氏が苦笑いしていたのを思い出す。

彼の案内で、サラトガの船内探索（ペネトレーション）をした。銀行、歯医者、寝室、作戦指揮所、潜水士が使っていたであろうヘルメットに、アメリカらしいコカコーラの瓶――。艦内には乗員の痕跡が多数残されている。

以前であれば、格納してあった航空機などにもアプローチができたそうだが、甲板が陥没してしまったことにより、通路が塞がれて行けなくなってしまったとのこと。

しかし、サラトガから外に出て、水底を探索してみると、艦載されていたＳＢ２Ｃヘルダイバー急降下爆撃機が白砂に２機並んで鎮座しているのを見ることができた。

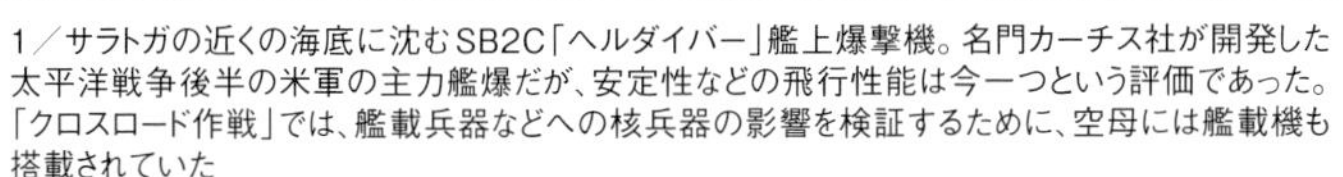

1／サラトガの近くの海底に沈むSB2C「ヘルダイバー」艦上爆撃機。名門カーチス社が開発した太平洋戦争後半の米軍の主力艦爆だが、安定性などの飛行性能は今一つという評価であった。「クロスロード作戦」では、艦載兵器などへの核兵器の影響を検証するために、空母には艦載機も搭載されていた
2／艦内は備品類も含めて状態よく残っており、70年以上の月日を海中にあったとは思えない。艦による保存状態の差は、沈没時の状態や海水温、波浪の影響などによって左右されるのだろう。写真は医務室のようで、治療用の椅子の背景にベッドや洗い場らしいものも見える
3／左舷船体中央に装備された2基のボフォース40mm連装機銃のうちの一つ。最終時のサラトガの対空機銃はボフォース40mm4連装機銃とエリコン20mm単装機銃で構成されているが、スペースの関係で40mm4連装の装備が難しかった左舷側の一部に、２基のみ40mm連装機銃が装備されていた

スリットから差し込む光が印象的なサラトガの艦橋。煙突を倒壊させた核爆発の爆風も艦橋内には直接の被害を及ぼしていないようで、よく原型をとどめている。中央奥の白っぽく見えているものが、コンパス（マグネティック・コンパス）。天井付近には速度等を表示する計器類も見えている

艦首の一番砲を上から見る。水深が深いせいか付着生物も少なく、5インチ砲のシールド形状が鮮明に見てとれる。波切をよくするために前部を鋭角にしたブルワークの形状は、日本海軍でも潜水艦などに見ることができる

仮設された計測機器用の構造物の後ろには、38口径5インチ砲が見える。砲周辺の波除のブルワークにも注意。高速航行時に波浪の影響を受ける艦首砲の操作は大変だったのは各国共通。日本海軍では特型駆逐艦から砲塔状に全周を囲み、砲員を風浪から保護した

甲板に姿を留めるエリコン20mm機銃。新造時のマハン級の対空機銃は12.7mm単装機銃であったが、威力不足のために太平洋戦中に撤去され、ボフォース40mm機銃とエリコン20mm機銃に置き換えられた。ラムソンの場合、主砲1基を撤去して、40mm4連装機銃2基と20mm単装機銃5基を搭載した

駆逐艦

ラムソン

(Photo/USN)

駆逐艦 ラムソン (1944年)

DATA

基準排水量	1,500t
主要寸法	全長104.0m ×最大幅10.6m×吃水2.77m
主機	蒸気タービン2基 2軸 46,000馬力
最大速力	37ノット
兵装	5インチ単装砲 4基 10.5cm連装高角砲 6基 40mm連装機関砲 2基 20mm単装機関砲 6基 533mm4連装魚雷発射管 3基 爆雷投下軌条 2基 爆雷投射器 4基
竣工年月日	昭和11(1936)年10月21日
沈没年月日	昭和21(1946)年7月2日

沈没地点
マーシャル諸島・ビキニ環礁　水深　50m

【海底への道程】

駆逐艦「ラムソン」は「マハン」級駆逐艦の1隻として1934年にバース・アイアン・ワークスで起工され、1936年10月に竣工した。「マハン」級駆逐艦はトップヘビーの傾向はあったがバランスのとれた兵装を持つ駆逐艦であり、太平洋戦争では開戦時から米艦隊の主力として活躍している。

太平洋戦争開戦を真珠湾で迎えたラムソンは、姉妹艦が沈没、損傷する中、無傷で空襲を切り抜け、その後、フィジー・サモア方面で対潜警戒任務につき、1942年11月のルンガ沖夜戦にも参加している。この海戦では、日本水雷戦隊の反撃によって米巡洋艦部隊が大損害を受けているが、ここでもラムソンに被害はなく、その後もガダルカナル島向けの船団護衛などに従事し、続いてニューギニア沿岸への攻撃にも参加している。

1944年にはフィリピンへの侵攻作戦に参加して船団護衛などに従事したが、12月7日、オルモック湾で特攻機の突入を受けて戦死者25名を出す損害を受けた。修理後は硫黄島付近で対潜哨戒にあたり、終戦後は父島で小笠原諸島の日本軍守備隊の降伏を受け入れている。太平洋戦争全期間を通じてラムソンが得たバトルスターは5つであった。

日本本土での短期間の任務を終え、1945年11月に米本土に帰還したラムソンは、ビキニ環礁での原爆実験「クロスロード作戦」の標的として使用されることになった。1946年7月2日の空中爆発実験「エイブル」によって沈没した。

上部構造物の崩壊した船体中央部から艦首方向を見る。写真の奥に見える一段高いシルエットは、おそらく二番砲である。ダイバーのいる場所は、本来は艦橋背面から煙突があった場所と推定するが、その痕跡を見出すことは難しい

ラムソンの船体中央部は崩壊しており、原形をとどめていない。これは腐食によるものではなく、核実験の影響だろう。衝撃波や爆風の影響を受けやすい艦橋やマスト、煙突といった風圧面積の大きな構造物が大きな影響を受けたのだ

艦首方向から見た「ラムソン」の船体。船体は海底に正立しており、全体に状態は悪くないようだ。甲板上に見える櫓状のものは、核実験時に設置された計測用機器のプラットフォームではないかと推測できる

空母 ラムソン

【海底での邂逅】

第二次世界大戦を戦い抜いて生き残ったアメリカの駆逐艦ラムソンは、戦後核実験の標的に供され沈没し、ビキニ環礁の水深約50ｍに正立状態で眠っている。

ラムソンは駆逐艦ということもあり、サイズも小さく艦内を探索できるようなところはほとんどない。現在の艦内は外壁が剥がれ、骨組みで残っている小部屋くらいであった。

ラムソンが沈んでいる水深は、水底で50ｍ、甲板で45ｍというところである。艦首に装備されていた2基の5インチ砲はいまだ健在で、艦尾の主砲の砲身に至っては垂直状態となっており、その姿はまるで墓標のように感じられる。

船体前部にあった艦橋は崩れているものの、その周辺にある機銃や装填された状態の爆雷などは非常にきれいなな状態で残っていた。

このビキニ環礁では、クラウドファンディングにより資金を募り、2018年7月末より約2週間という期間で、ラムソンを含む計4隻の艦船を撮影した。その中で、まず「長門」をファーストチョイス、次に「酒匂」、サラトガをセカンドチョイスとしてリクエストしており、計画的にあと1隻潜ることができた。

このとき、ラムソン以外にも米海軍の戦艦アーカンソーや、潜水艦アポゴンなどが候補として挙がっていた。しかし、ガイドをしてくれたブライアン氏の非常に好きな艦として推薦され、このラムソンを案内してもらうことになったのである。

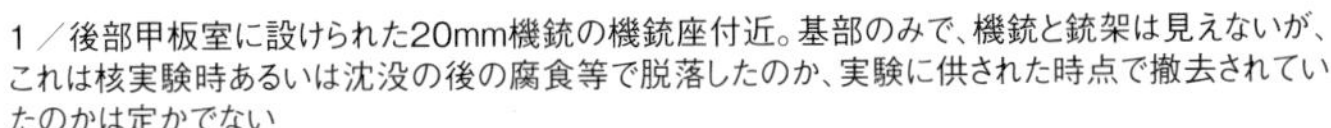

1／後部甲板室に設けられた20mm機銃の機銃座付近。基部のみで、機銃と銃架は見えないが、これは核実験時あるいは沈没の後の腐食等で脱落したのか、実験に供された時点で撤去されていたのかは定かでない
2／艦尾の様子。船体は海底の砂に埋まりこんでいるようだ。艦尾甲板上には爆雷投下軌条が残されている。爆雷投下軌条には爆雷も残されているが、これも水上艦への核攻撃の影響を図るために意図的に戦闘状態のままとしたのだろう
3／二番煙突横の機銃座。後部から艦首方向を向いて撮影されており、機銃座にはエリコン20mm機銃が残されている。おそらくだが、機銃座の左に見える小判型の開口部が2番煙突基部だろう。艦首方向に53cm魚雷発射管がかすかに見える

第一、第二煙突間に装備された53cm4連装発射管。発射管のチューブは半ば失われ、魚雷3本の前半部分が見えてしまっている。手前の魚雷のみ、先頭部分の頭部（弾頭）が脱落しており、気室前端が覗いているため大きく印象を違えている。後ろに見える開口部は煙突の基部だが、煙突は完全に失われている

裏返しになって着底した船体の下に、かろうじて主砲である20.3cm(8インチ)連装砲を見ることができる。砲塔は船体から半ば脱落しかかっている。砲塔は文字通り、弾火薬庫からの砲弾や装薬を供給するための塔状の構造をもっており、一般的なイメージの「砲塔」は砲塔最上部にある「砲室」部分である

別の主砲塔も砲塔が脱落しかかっている。砲塔は船体に強固に固定されておらず、旋回部のローラー上に自重で乗っているだけなので、転覆した船体から容易に脱落してしまうのである。「大和」など、傾斜横転して沈没した軍艦の砲塔が、しばしば船体から脱落しているのはこのためだ

重巡洋艦

プリンツ・オイゲン

(Photo/USN)

重巡洋艦 プリンツ・オイゲン (1946年 USS プリンツ・ユージン)

DATA

基準排水量	15,000t
主要寸法	全長212.5m ×最大幅21.8m×吃水7.2m
主　機	ギヤードタービン3基 3軸 136,000馬力
最大速力	33.5ノット
兵　装	20.3cm連装砲 4基 10.5cm連装高角砲 6基 37mm連装機関砲 6基 20mm単装機関砲 8基 533mm3連装魚雷発射管 4基
竣工年月日	昭和15(1940)年8月1日
沈没年月日	昭和21(1946)年12月

沈没地点

マーシャル諸島・クワジェリン環礁

水深　36m

前方から見たSKC/33 10.5cm高角砲。ドイツ海軍の大型軍艦の高角砲としては標準的なもので、同型の砲がビスマルク級戦艦やシャルンホルスト級戦艦、ドイッチュラント級巡洋艦などに装備されていた。写真手前には第二次世界大戦中に増備された20mm4連装機銃が見える。竣工時のアドミラル・ヒッパー級巡洋艦は、37mm連装機関砲と20mm単装機銃を装備していたが、他国軍艦と同様、戦争中に対空火器の増強を強いられた。この4連装機銃はドイツ陸軍も使用しており、対空戦車「ヴィルベルヴィンド」等にも搭載された

【海底への道程】

ドイツ海軍の水上戦闘艦として屈指の戦歴と強運を誇る「プリンツ・オイゲン」は、アドミラル・ヒッパー級巡洋艦の三番艦、同級の第二グループとして計画された巡洋艦である。ちなみに艦名はオーストリア・ハンガリー帝国の軍人オイゲン・フランツ・フォン・ザヴォイエン=カリグナンに由来する。このオイゲン公はスペイン継承戦争で英国のマールバラ公ジョン・チャーチルと共に戦っているが、マールバラ公の子孫が第二次世界大戦時の英国首相ウィンストン・チャーチルであることは歴史の皮肉と言えるだろう。

プリンツ・オイゲンは第二次世界大戦勃発後の1940年8月に竣工、戦艦ビスマルクの最初で最後の出撃となったライン演習作戦へ参加、その後はケルベロス作戦によりフランスから本国に帰還、ノルウェー方面での練習艦任務、バルト海沿岸での対地支援などを転戦しつつ稼働状態で終戦を迎え、米海軍に接収された。

米海軍では本艦を「USSプリンツ・ユージン」として海軍艦艇籍に置き調査を実施した上で、ビキニ環礁での原爆実験「クロスロード作戦」の標的艦とした。長門らと共に空中爆発実験「エイブル」、水中爆発実験「ベーカー」に参加したプリンツ・オイゲンは、実験後の調査のため1946年12月にクェゼリン環礁に曳航されたが、浸水により横転、船体は放棄された。船体は現在でも同地にあるが、艤装品の一部は回収され、ドイツ国内などで保存展示されている。

艦首部を横から見る。ダイバーの大きさと比較すると、満載排水量18,000トンの大型巡洋艦はさすがに大きく、シャープなクリッパーバウも往時の威容をとどめている。もっともこの艦首形状は最初からのものではなく、同型一番艦のアドミラル・ヒッパーの竣工時は垂直艦首であった。しかしこの艦首形状は極めて凌波性が悪かったために改正され、プリンツ・オイゲンでは竣工時からクリッパーバウが採用された経緯がある

上下逆さまになった船体中央部付近の上甲板。側面に見えているのは扉の穴。扉そのものは脱落したか取り外されたのだろう。舷側付近に見える二本の短い棒状のものは、係留などに使うボラード。ダイバーや船室の扉といった人間サイズのものと比較すると、かなり大きく見える

裏返った艦首部は下に潜り込めるらしい。写真は艦首先端方向から一番砲塔を見ている。甲板から垂れ下がっているのは主錨のアンカーチェーンで、その根元にはキャプスタンが見え、その奥には波切板が見えるが、一番砲塔付近はぼんやりとした影になって判然としない

【海底での邂逅】

ドイツの重巡洋艦である「プリンツ・オイゲン」は終戦後、アメリカ軍に接収され「USS プリンツ・ユージン」となった。その後、ビキニ環礁で標的艦として使用されたが、2発の原爆実験を受けても沈没しなかった。

そこで調査と除染のためクワジェリン環礁まで曳航され、実験の損傷から浸水、沈没を防ぐために浅瀬に座礁させられたが、転覆。水深36mの海底にひっくり返った状態で着底した。その結果、艦尾のプロペラは水面に出ており、今もその姿を見ることができる。

ビキニ環礁に向かうため、私たちはグアム経由でクワジェリン環礁に降り立った。そこで、まずこの艦を「チェックダイブ」として、艦橋部から艦首、艦尾、艦内と潜ることにした。

逆さまになっている艦内に入ると、椅子や机などが散乱している。原爆実験は、艦内への影響を調べるためにそのままの状態で行ったと聞いているので、これらも当時からのものなのだろう。また、水面に露出しているスクリューの部分は、現地の子どもたちの遊び場になっているようで、落書きなども見られた。

かねてより、艦首付近より、燃料が漏れ続けていることが指摘され、航空写真でもオイルが帯状に流れ出ていることが確認され問題となっていたが、私たちが訪れた直後、2018年9月からミクロネシア政府と米軍によって回収されたそうだ。こういった経年劣化による燃料などの流出は、ここだけではなく、今では多くの沈没船で問題となっている。

重巡洋艦 プリンツ・オイゲン

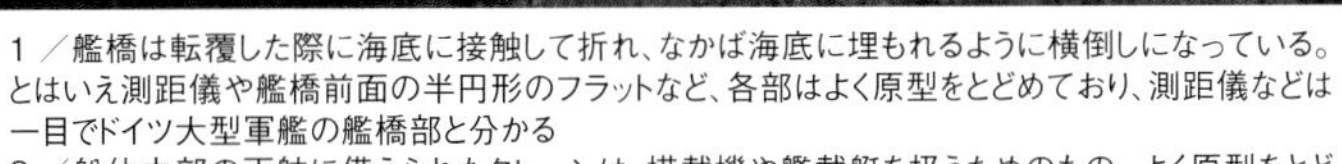

1 ／艦橋は転覆した際に海底に接触して折れ、なかば海底に埋もれるように横倒しになっている。とはいえ測距儀や艦橋前面の半円形のフラットなど、各部はよく原型をとどめており、測距儀などは一目でドイツ大型軍艦の艦橋部と分かる
2 ／船体中部の両舷に備えられたクレーンは、搭載機や艦載艇を扱うためのもの。よく原型をとどめているが、クレーンの横の船体中央部あった飛行機用の格納庫や、その上にあったカタパルトは船体の着底時に押しつぶされてしまったものと思われる
3 ／船体中部部の艦上構造物は着底時に破壊されている。写真はおそらくボートデッキ付近で、手前に見える割れたドーム状のものは高射測距儀のカバーと推測する。裏返った甲板上に見えるものは53cm3連装魚雷発射管で、プリンツ・オイゲンはこれを片舷に2基装備していた

20mm4連装機銃のアップ。単装20mm機銃の発射速度が低いことを補うために弥縫的に開発されたという4連機銃であるが、4連装化による単位時間当たりの弾量の多さで成功した兵器となった。もっとも戦争後半になると飛行機の高速化や重装甲化によって威力不足が指摘され、さらに連合軍航空機が多用するようになった対地ロケットによってアウトレンジされるようになり、より大口径の37mm機銃に整備の重点は移っていた

1／上空から見たプリンツ・オイゲンの船体。艦尾はスクリュー、舵が水面上に突き出し、艦首に向かって水深が深くなっているのが分かる。艦首付近からは、当時漏れ出していた油の油膜が帯状に流れている

2／後方から見たプリンツ・オイゲンのスクリュー。海面上に突き出しているのが中央の推進軸のもので、1979年に左舷側スクリューが回収される以前は3軸分、3基が並んでいたはずである。日本海軍ファンにはあまりピンとこない3軸推進艦であるが、ドイツ海軍艦艇では珍しくなく、ビスマルク級なども3軸推進を採用している

3／艦内には椅子や机などが散らばっている。原爆実験に供されたプリンツ・オイゲンであるが、ビキニ環礁までは回航要員が乗艦し艦内生活を送っていたわけで、艦内に生活感があっても不思議ではない。戦没した船とは少し違った雰囲気があるように思うのは、気のせいだろうか

4／真後ろから見たプリンツ・オイゲンの艦尾。艦尾側の方が水深が浅いため、艦首より光量が豊富である。近年の巡洋艦級の艦艇は四角いトランサムスタンが定番となった感があるが、第二次世界大戦期の巡洋艦らしい艦尾形状はなかなか優雅にも見える

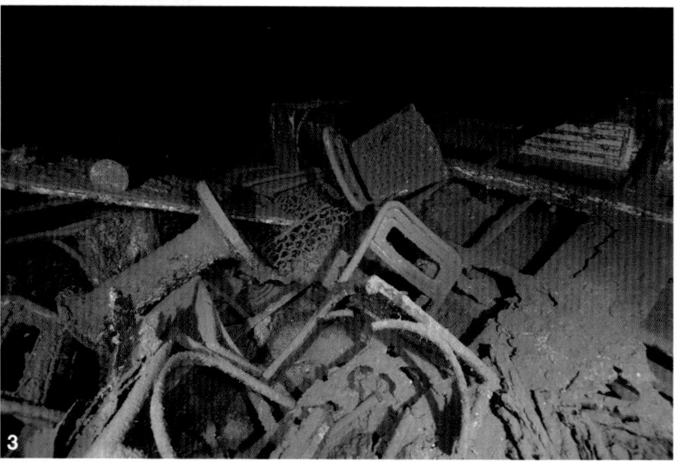

重巡洋艦 プリンツ・オイゲン

戦闘艦艇

駆逐艦「菊月」1943年（Photo/USN）

戦艦「陸奥」艦橋部

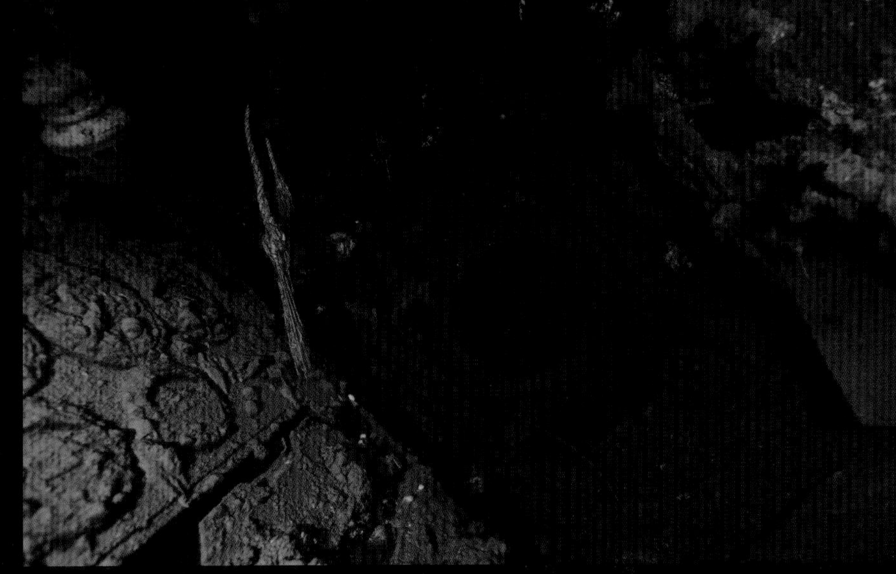
伊一六九潜水艦 艦内

戦艦
「陸奥」

戦艦「陸奥」(1941年)

(Photo/USN)

DATA(大改装後)

基準排水量	39,050t
主要寸法	全長224.94m ×最大幅34.60m×吃水9.46m
主　　機	艦本式タービン4基4軸 82,000馬力
最大速力	25.28ノット
兵　　装	45口径41cm連装砲4基 50口径14cm単装砲18門 40口径12.7cm連装高角砲4基 25mm連装機銃10基
竣工年月日	大正10(1921)年10月24日
沈没年月日	昭和18(1943)年6月8日

沈没地点

山口県岩国市 柱島近海

水深　40m

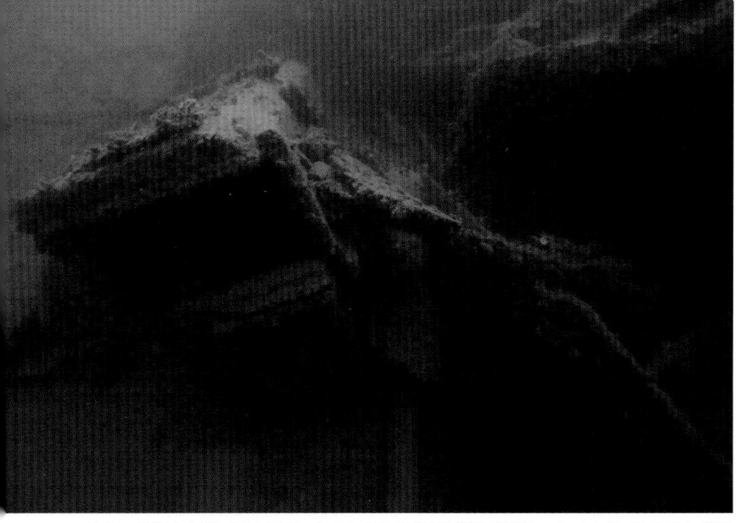

海底に推積する「陸奥」の残骸。中央に見える機器は錨鎖が絡まっているように見えるが、詳細は不明。揚錨機の一部とも考えられるが、あくまで推測である。写真右手に見えているのが船体であるとすれば、甲板上や船内にあった艤装品が沈没時の衝撃や破壊によって転落したことになる

裏返った前部の40cm砲塔。分かりづらいかも知れないが、中央に見える太い円筒が砲塔左側40cm砲の砲身（左砲）であり、右砲は海底に埋もれて見えない。向かって右上に見るのが主砲塔バーベット部分。周囲には鋼材が散乱しているが、砲身に絡まっている糸状のものは漁網のようだ

艦上構造物の側面には丸い舷窓が並んでおり、そこにかつて人の営みがあったことを主張している。場所は最上甲板舷側か艦橋甲板側面だろう。周辺の状態はよくなく、原型を失いつつある部分もあるように見えるが、それが時間による劣化、崩壊なのか、沈没時から大きく損傷していたのかは判然としない

【海底への道程】

戦艦「陸奥」は「長門」型戦艦二番艦として大正10（1921）年に横須賀海軍工廠で竣工した。26ノットの快速と主砲に採用された41㎝砲に加え、建造中にジェットランド海戦の戦訓を盛り込んだ「陸奥」は当時最強の戦艦であった。このためワシントン海軍軍縮条約では「陸奥」の保有が議論となり、米英にも41㎝砲戦艦の追加保有を認めることとなった。

昭和9（1934）年から11（1936）年までの大改装によって「陸奥」は缶を換装、攻防能力を大幅に改善し、装備の近代化が実施された結果、「陸奥」は第二次世界大戦時でも有力な戦力であり続けた。太平洋戦争開戦時には「長門」と共に連合艦隊司令長官直卒の第一戦隊を編制していたが、実戦参加の機会は少なく、第二次ソロモン海戦などに参加したものの本格的な戦闘は経験していない。

第二次ソロモン海戦後に内地に帰還して待機中の昭和18（1943）年6月8日12時15分頃、「陸奥」は後部砲塔付近で大爆発を生じ船体を切断、沈没した。艦長以下多数が殉職したこともあり事故原因の特定は難航した。最終的に弾薬の自然発火の可能性が示唆されたが、現在では乗員による放火の可能性が高いとされている。

船体の引き揚げと復旧も検討されたが、損傷の程度が大きく諦められ、昭和18年9月に海軍艦艇籍から除かれた。「陸奥」の船体は昭和45（1970）年のサルベージで後部主砲塔などが引き揚げられているが、引揚げ困難な船体の一部は、現在でも海底に残されている。

廃墟のような佇まいを見せる「陸奥」の艦内。写真右上が床面である。写真中央に窓のような開口部が見えるので、羅針艦橋かその上層の見張指揮所周辺をのぞき込むように撮影しているのだろう。「陸奥」の船体は、後部を中心にかなりの部分がサルベージされているが、艦橋周辺は海底に残されている

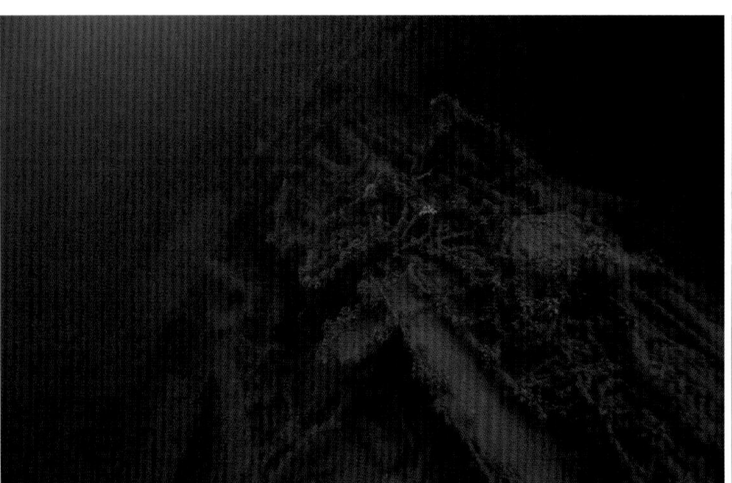

剥き出しになった配線とおぼしきもの。本来は保護されていたはずで、沈没時の損傷かサルベージの影響で剥き出しになってしまったのだろう。大型軍艦の電路工事を担当した方の回想によれば、複数の電線を束ねて金属で被覆する処理がなされており、「鉄の棒」のようであったとのこと

付着生物などのために分かりづらいが、艦橋中部側面に残されている探照灯管制器。「陸奥」の探照灯は船体中央部の煙突周辺に装備されているが、その旋回、俯仰などの操作は艦橋周辺に複数装備された管制器から行われる。敵駆逐艦の夜襲に対処するため大口径探照灯と管制器は必須だった

【海底での邂逅】

「陸奥」の船体は現在までに約75％が引き上げられている。特に船材や装甲は、大気圏内核実験以前に製造された鋼板であることから、研究機関で試料として利用され、しばしば「陸奥鉄」と称される。また、沈没現場の目の前、周防大島にある陸奥記念館には、艦首先端、スクリュー、14㎝副砲、艦首錨、数多くの揚収物や遺留品などが残され、呉・大和ミュージアム、横須賀・ヴェルニー公園には主砲砲身が展示されるなど、日本各地で残された姿を見ることができる。

「ポイントは潮流が早く、深い上に透視度も悪い」――。過去、潜水した水中カメラマンの体験談もあり、２０１４年の初めてのアプローチの際は、周囲に「生きて帰ってきて」と心配されるほどで、実際に潜ってみたところ、かつて体験したことのない流れに吹き飛ばされたほどであった。

海中で大きな鉄の塊として鎮座する「陸奥」は、魚たちの漁礁となっており、洋上には遊漁船も多く、初めて潜った際、船体は漁網だらけであった。翌年からは拠点を柳井市に移し、「ダイビングスクールLOVE＆BLUE」のオーナーガイド・小川智之氏の助けを得た。小川氏の助言により、潮が動かない日を選び、撮影に望むことで、ストレスの少ない状態での撮影が可能となり、大変感謝している。

瀬戸内海の水深40ｍはまるで夜のように暗く、ライトに照らされ浮きあがる主砲や、散らばる生活用品、ガスマスクなどを実際に見ると、この場で起こった歴史を語りかけてくるかのようだった。

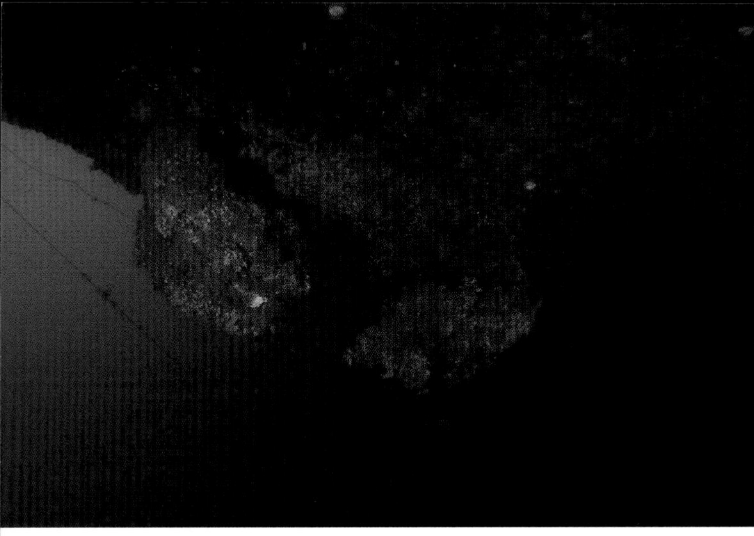

甲板舷側に設置されていたフェアリーダー。船の係留や曳航などの際に索具を繰り出すためにガイドとして機能するもので、大型艦のものは鋳造のがっちりとした作りである。用途が用途だけにあまり形状に進化もなく、国籍を問わず、現代の軍艦や民間船舶にもほぼ同様の形状のものが見られる

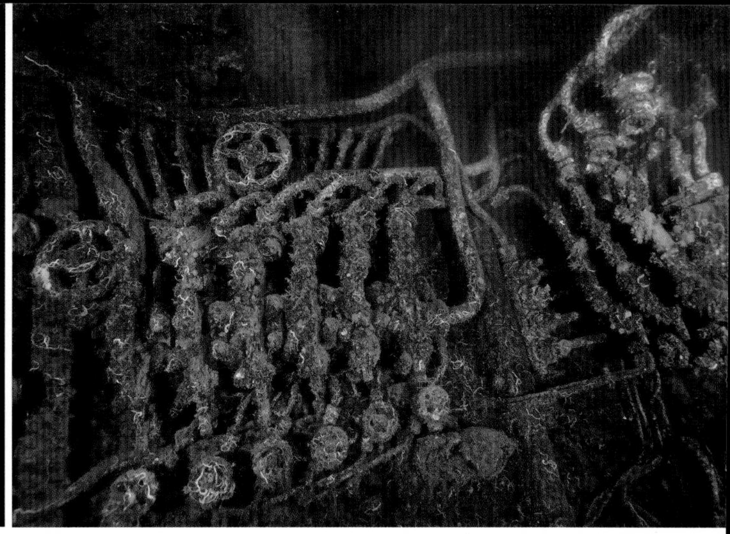

艦内に残されたバルブと配管はよく原型をとどめている。艦橋基部付近と思われるが、正確な場所が特定できず、用途も判然としない。だが主砲の旋回・俯仰用動力から料理用の煮炊きや洗濯、風呂まで、缶から供給される蒸気を利用していた当時の軍艦の艦内らしい光景ではある

船体表面はシルト（砂泥）を被り、若干の付着生物が確認できる。カラフルさはないが、いかにも日本の海底といった印象ではある。窓のように見える矩形の穴は、外板が脱落したために生じたもののようだ。沈没時かサルベージに傷んだ部分が、経時劣化によって脱落したのかもしれない

艦内に残されている洋式便器。意外な印象を受けるが、明治期の軍艦などは海外から輸入されているため、洋式便器が多用されていた。またこの種の陶製製品の国産化が進むのは大正期以降という要素もある。もっとも和式に慣れた兵には不評であり、時代と共に和式便器の比率は増える傾向にあった

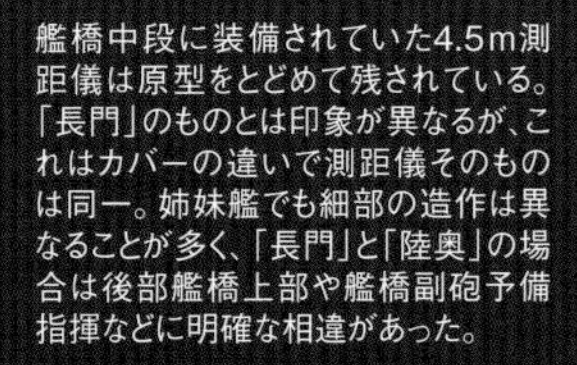

艦橋中段に装備されていた4.5m測距儀は原型をとどめて残されている。「長門」のものとは印象が異なるが、これはカバーの違いで測距儀そのものは同一。姉妹艦でも細部の造作は異なることが多く、「長門」と「陸奥」の場合は後部艦橋上部や艦橋副砲予備指揮などに明確な相違があった。

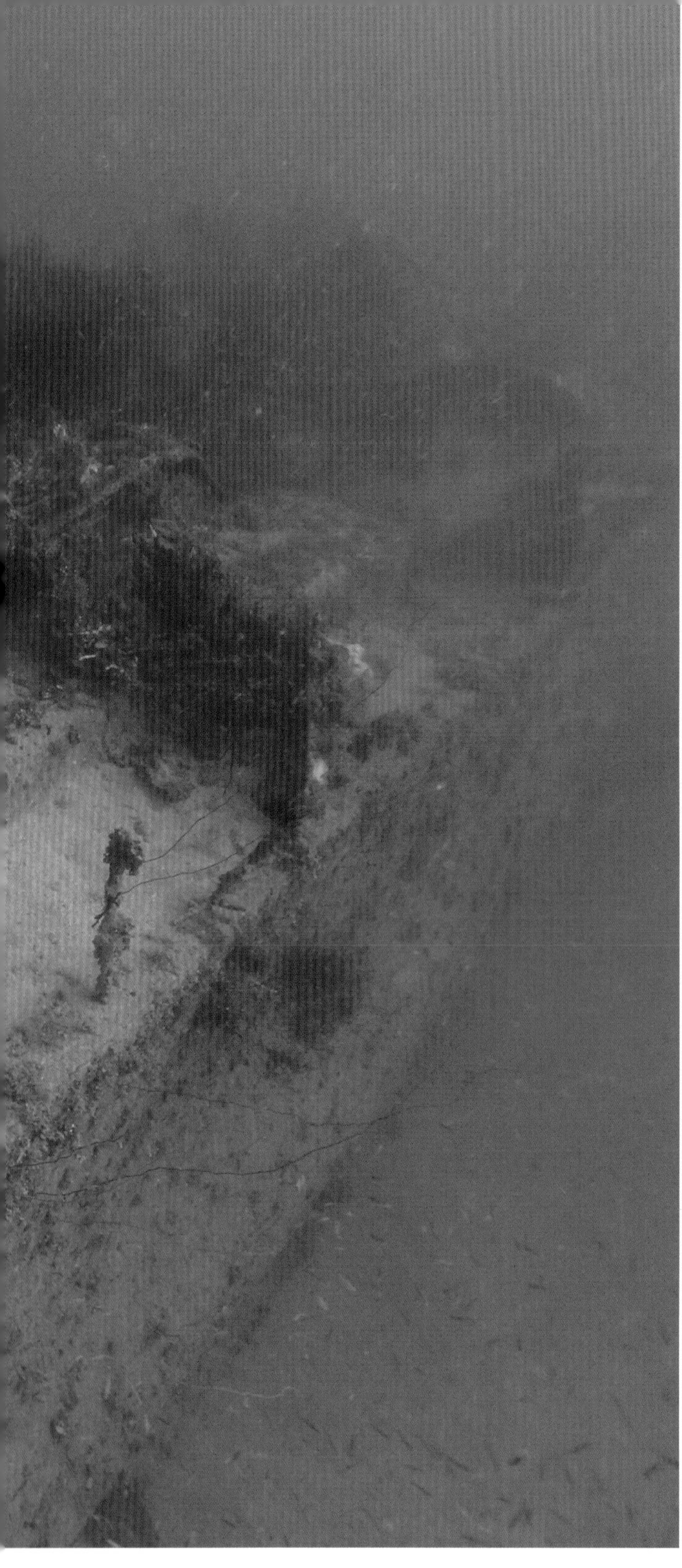

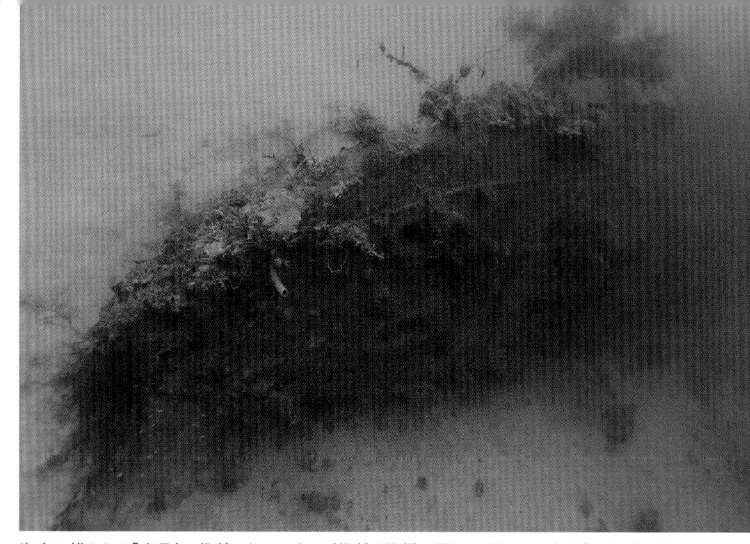

海底に横たわる「文月」の艦首。ウェルデッキ（艦首と艦橋の間の一段凹んだ部分）の前方で艦首は破断して、横向きに倒れている。艦首がこのような状態になったのは沈没時のことではなく、着底後、相当に時間が経ってからのことらしい。戦闘によるダメージと経時劣化の複合的な要因によるもかもしれない

艦尾はスクリューが見えているが、その上の艦尾付近の船体は潰れて、大きく歪んでいる。これはおそらく沈没、着底時の衝撃によるものだろう。沈没した「文月」の船体は艦尾から着底し、艦の重量を受け止めるようなかたちで潰れ、歪んでしまったのではないかと推測する

二番煙突後方の艦上構造物は驚くほどよく原型をとどめている。構造物の頂部に見えるのは方向探知機のループアンテナの支柱。方向探知機室の付近に積み上げられている管は、燃料給油時に使用する蛇管のようだ。甲板上に見える箱状ものは予備魚雷格納函で、内部に予備魚雷を収容しておく

駆逐艦
「文月」

（資料提供／大和ミュージアム）

駆逐艦「文月」

DATA

基準排水量	1,315t
主要寸法	全長102.7m ×最大幅9.16m×吃水2.96m
主機	艦本式タービン 2基 2軸 38,500馬力
最大速力	37.3ノット
兵装	12cm単装砲 4基 7.7mm単装機銃 2基 53cm3連装魚雷発射管 2基 爆雷投射器 2基
竣工年月日	昭和元（1926）年7月3日
沈没年月日	昭和19（1944）年2月18日

沈没地点
ミクロネシア・チューク州ウエノ島の西
水深　36m

【海底への道程】

駆逐艦「文月」は、「睦月」型駆逐艦の七番艦として大正13（1924）年に藤永田造船所で起工、大正15（1926）年7月に竣工した。竣工時の艦名は「第三一号駆逐艦」であったが、これは八八艦隊計画による駆逐艦の大量建造に備え、艦名を番号化したためである。しかしワシントン海軍軍縮条約による八八艦隊計画の中止もあって、昭和3（1928）年には姉妹艦と共に艦名を改め、「文月」となった。

昭和初期まで水雷戦隊の主力を務めた「文月」は、太平洋戦争開戦時にはやや旧式化していたが、南方攻略作戦に参加、昭和17（1942）年9月に輸送船との衝突事故によって損傷し修理を受けている。修理を終えた「文月」は戦線に復帰、ガダルカナル撤退作戦への参加を皮切りにソロモン方面での輸送作戦で活躍、損傷修理などを挟みつつもセ号作戦、第一次、第二次ベララベラ海戦、セントジョージ岬沖海戦などに参加している。なおこの間に「文月」は一部主砲の撤去と対空兵装の強化、電探等の増備を実施したようである。

昭和19（1944）年1月、ラバウルで受けた空襲によって損傷した「文月」は修理のためにトラックに後退したが、運悪く同年2月17日の米機動部隊の空襲（トラック空襲）に遭遇、機関室に直撃弾を受け航行不能となった。駆逐艦「松風」による曳航で、付近の海岸へ擱座する試みも、繰り返される空襲と次第に増加する浸水によって果たせず、翌18日に月曜島（ウッド島）北方で沈没し、水深約37ｍの海底にその身を横たえることになった。

後ろ斜めから見た3連装魚雷発射管。シールドが付いているが、これは艦隊に就役後に追加されたもので、昭和初期までは兵員は風浪に暴露されていた。この発射管は艦首の一番発射管で、発射管の後方には艦橋があったはずだが崩壊してしまい、基部の一部が甲板上に残るのみである

箱に入った状態で放置されているビンのようだ。「文月」は艦内にも食器類などが残されており、当時の人々が生きていた痕跡をそこここに見ることができる。陶磁器やガラス瓶、琺瑯などは腐食しないため、当然ながら金属製品よりも遥かに長く姿をとどめる

前方から見た魚雷発射管。「睦月」型の魚雷発射管は、特型駆逐艦と同様に「峯風」型や「神風」型の装備した53cm魚雷よりも一回り大きな61cm魚雷用のものである。3連装発射管では極力コンパクトにするため、中央の発射管の位置を若干高くして幅を抑える工夫がなされている。

【海底での邂逅】

駆逐艦「文月」は、現在のウエノ島（旧日本名：春島）の西、水深約36ｍに眠っている。商船を改造した徴備船などが多く眠るこのチュークにおいて、数少ない戦闘艦の一隻である。

「文月」は、他の徴備船とは少し離れて、ウエノ島の西側に眠っている。季節によっては風の影響により波が高く、ポイントにまで行けない場合もあるので注意が必要だ。

全長約１０２ｍとそこまで大きくはない船体だが、実際に潜ってみると、駆逐艦らしいスマートなフォルムは、チュークに眠る他の艦船とは一線を画している。

艦尾は正立状態に鎮座しており、スクリューや舵などもしっかりと残っている状態だ。ただし、艦首は捻れるような形で横倒しの状態になってしまっている。

船体に目を向けると、12㎝単装砲や、3連装魚雷発射管、装填演習砲など、駆逐艦らしい装備をみることができる。過去には、地図や「情報局」などと書かれた文章の紙なども残っていたのだが、長い年月を経て風化してしまい、残念ながら今ではもう跡形もなくなってしまった。

これらの遺物は水の中という特殊な環境において、数十年を経ても守られていたものだが、長い年月と、私も含めて言えることだが、ダイバーが訪れるということも、劣化などを早める理由になっていることは忘れてはならない。さらに時間が経てば、やがて、この船自体も海の中で瓦礫となってしまうのであろう。

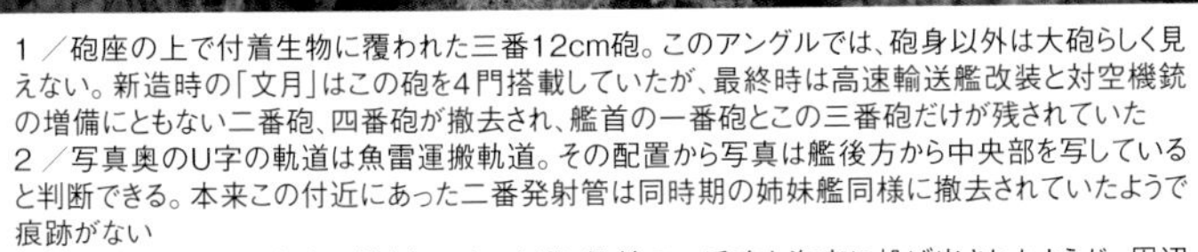

1／砲座の上で付着生物に覆われた三番12cm砲。このアングルでは、砲身以外は大砲らしく見えない。新造時の「文月」はこの砲を4門搭載していたが、最終時は高速輸送艦改装と対空機銃の増備にともない二番砲、四番砲が撤去され、艦首の一番砲とこの三番砲だけが残されていた
2／写真奥のU字の軌道は魚雷運搬軌道。その配置から写真は艦後方から中央部を写していると判断できる。本来この付近にあった二番発射管は同時期の姉妹艦同様に撤去されていたようで痕跡がない
3／艦首が破断して海底に横倒しになった際、艦首の一番砲も海底に投げ出されたようだ。周辺の構造材とともに海底に横になっているが、砲にはシールドも残っているなど、船体上に残る三番砲より、全体に状態がよく見える

三番砲を後方から見る。向かって左は四番砲があった位置だが、太平洋戦争中に撤去され、対空機銃が装備されていたはずである。その機銃も見当たらないが、沈没時に脱落したのかもしれない。三番砲の前方には魚雷発射管があったが、これは撤去されて小発の搭載スペースになっていた

水面からわずかにのぞく「菊月」の艦首。他の写真から判断するに、艦首上甲板がこの高さなのではなく、おそらく水面上に露出していた部分が経年劣化や腐食で崩壊した結果の光景だろう。歳月を経て朽ち、写真では天然の奇岩のようにも見える

海底に散らばる「菊月」の残骸。個々の残骸は比較的大きな塊として残っているが、ばらばらに散らばっているために個別に部位を特定するのは難しい。これらの残骸はサルベージなどで爆破されたものではなく、上部構造物などが波浪や腐食による船体の崩壊によって海底に散らばったもの

水面上に露出している主砲基部。砲架は破損しており、砲やシールドも失われているが、旋回部のギアなどは見てとれる。周辺の上部構造物が失われているにもかかわらず残っているのは、砲の支持構造が強固であったため、その周辺のみ水上に姿をとどめているのだろう

駆逐艦

「菊月」

資料提供／大和ミュージアム

駆逐艦「菊月」

DATA（太平洋戦争開戦時）

基準排水量	1,315t
主要寸法	全長102.72m ×最大幅9.16m×吃水2.92m
主機	艦本式タービン 2基 2軸 38,500馬力
最大速力	37.25ノット
兵装	12cm単装砲 4基 13mm連装機銃 1基 7.7mm機銃 2挺 3連装魚雷発射管 2基 爆雷投射器 2基
竣工年月日	大正15（1926）年11月20日
沈没年月日	昭和17（1942）年5月5日

沈没位置
ソロモン諸島・フロリダ島
水深　2m

【海底への道程】

「菊月」は「睦月」型駆逐艦九番艦として大正14（1925）年に舞鶴海軍工廠で起工、大正15（1926）年11月に竣工した。竣工時の艦名は「第三一号駆逐艦」であったが、昭和3（1928）年に姉妹艦と共に改名されている。「睦月」型は「峯風」型から発展した系統の最終型であり、基本設計はほぼ同一であるが、九〇式魚雷（61㎝魚雷）の運用能力を持っていた。

竣工後の「菊月」は大正期から昭和初期にかけて姉妹艦と共に水雷戦隊の主力を務め、太平洋戦争でもなお前線にあったが、昭和17（1942）年5月のフロリダ諸島（ツラギ）攻略作戦を支援中に米空母機の空襲を受けて海岸に擱座、艦首の一部以外は海没した。このため日本海軍は「菊月」を喪失したと見なし、艦艇籍から除いている。

フロリダ諸島はその後、米軍が奪回、飛行艇基地などが置かれたが、海岸で着底していた「菊月」の船体をサルベージして装備等を調査すると同時に、その船体を日本軍の空襲に対する囮として活用することが計画され、昭和18（1943）年にサルベージが実施された。しかしこの時点で戦線は北部ソロモンに移っており、囮としての活用という当初の計画は現実的ではなく、調査を終えた「菊月」はフロリダ島のトウキョウベイと呼ばれる湾に移され、洋上倉庫として活用された。

船体は戦後もそのまま放置され1970年代までは形状をとどめていたが、その後、水面上にあった部分は崩壊し、現在では海面下に機関や船体構造の一部のみが形状を保っている。

艦尾付近の船体側面。艦尾付近は完全に海没しているために波浪の影響が少なかったのか、上甲板レベルまで船体が残っているようだ。舷側に等間隔で見える小さいでっぱりは、おそらく舷外電路の取り付け金具（あるいはカバー押さえ）の痕跡。舷外電路は磁気機雷対策として船体にコイルを巻き通電することで船体の磁気を消磁するもので、太平洋戦争開戦前の出師準備で実装された

砲尾側から見た主砲。左側が本来の砲上側で複座駐退機の尾部が見える。尾栓は失われているが、これは船体が放棄されるときに日本側が再利用を不可能とするために取り外して処分したか、同様の理由で海没処分時に米軍が破壊したものと推測する

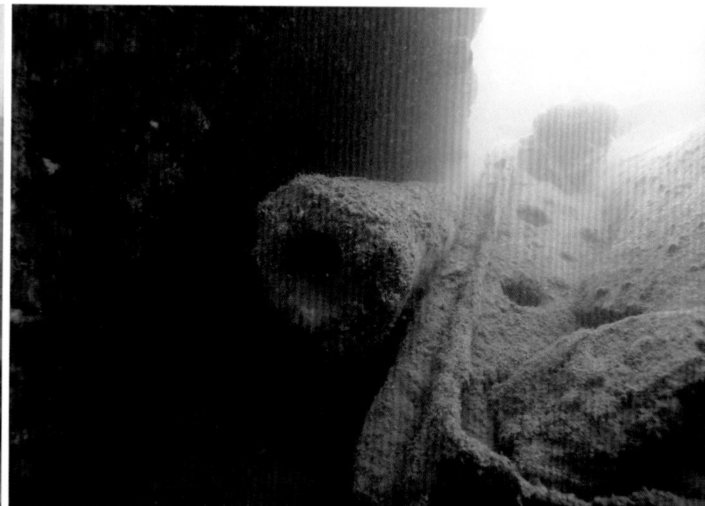

崩壊した船体に埋もれるように横たわる主砲。特型以降の日本駆逐艦の装備した12.7cm砲よりもやや小さい12cm砲であるが、生産が容易なため、高仰角砲架と組み合わせた簡易な高角砲として太平洋戦争中に2000門以上が新規生産され、海防艦の主砲等に利用された

駆逐艦「菊月」

【海底での邂逅】

「菊月」の眠る、ソロモン諸島フロリダ島を訪ねるには、まず、餓島として有名なソロモン諸島ガダルカナル島、ホニアラ国際空港に降り立つことになる。

この空港はかつてルンガ飛行場（ヘンダーソン飛行場）と呼ばれ、その存在をめぐり、日米の戦いが熾烈を極めた場所だ。現在もその場所が空港として使用され、ホニアラ国際空港と改名されている。

空港から車で数十分走るとホニアラの中心街に辿り着く。このホニアラにあるダイビングショップは２０２０年現在、「ツラギダイブ」の一軒のみであり、そのホテルの近くに拠点を置くと便利である。

「菊月」へは、ショップからほど近い港より、スピードボートでかつて司令部の置かれたツラギ島方面を目指す。数次にわたるソロモン海戦により多くの艦船が眠ることになった「アイアンボトムサウンド」を跨ぐこと、約１時間。到着したフロリダ島の水深２ｍにも満たない「トウキョウベイ」と呼ばれている湾内に「菊月」は眠っている。

この場所は、透視度も悪く、通常のダイビングポイントではないので、特別なリクエストが必要だ。さらにはマングローブに囲まれているために、ワニなどの目撃例も多く、実際に海の中に入ることはリスクを伴う。現地ガイドとよく相談して訪れてほしい。

浅瀬にあるために、「菊月」は自然の影響による劣化が激しく、かつて水面に出ていたと言われる船体も、今は艦首や主砲基部など、一部が露出しているだけである。

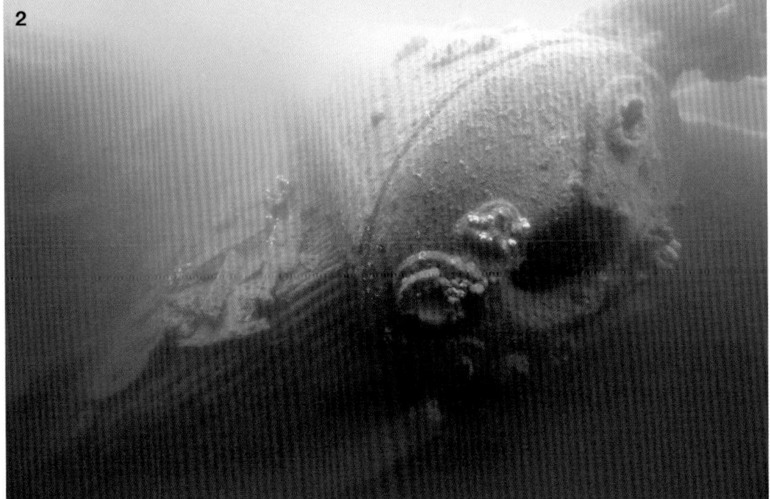

1 ／船体側面の様子。四角い穴が並んでいるが、これは元からのものではなく、船体フレームの間の外板が腐食して波の力などで穴が開き、結果としてこのようになったものと推測される。いつかフレームも崩壊して、船体の形も失われてゆくのだろう
2 ／水面直下に見える「菊月」のボイラー。写真中央の円筒状の部分が蒸気ドラムだろう。ドラムからは細管多数が伸びているのがわずかに見える。本来の甲板下にある缶が見えているということは、その上部の船体は朽ち果てたということで、70余年の時間の経過が偲ばれる
3 ／海底に横たわるボラード。撮影者によると「艦首側」とのことなので、艦首錨鎖甲板の舷側にあったボラードが、艦首部分の崩壊時に錨鎖甲板の一部とともに海底に横たわるように沈んだのだろう

ドローンによる空撮。「菊月」の船体は岸際のごく浅い海域にあり、水中部分は形を残しているが、水上部分はほぼ完全に崩壊していることが分かる

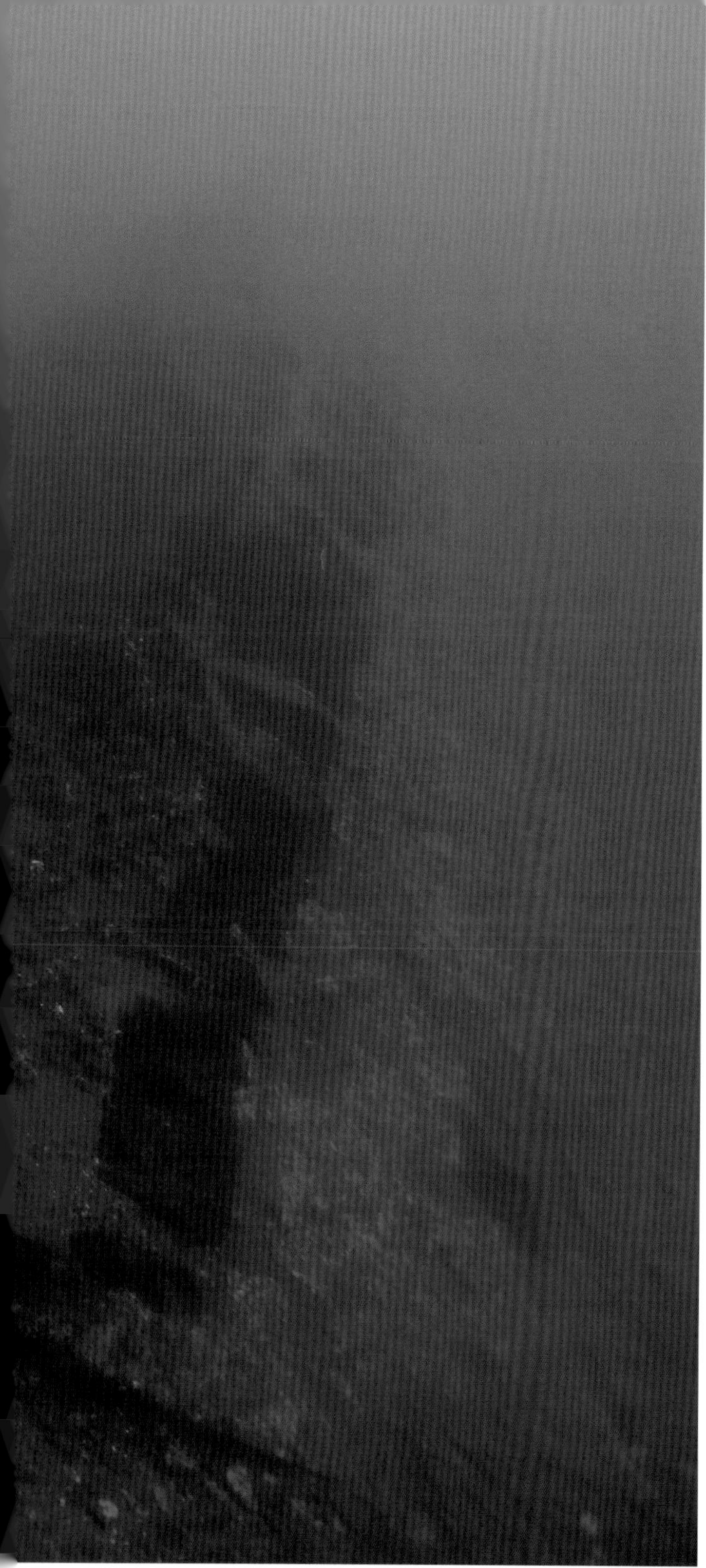

傾斜して着底した「響」船体の甲板面。上部構造物が崩壊しているために撮影場所が判然としないが、後部は完全に崩壊していることを考えれば、艦橋ないしは船体中央部付近からの撮影なのだろう

艦尾付近の海底に横たわる舵。船体が崩壊したさいに脱落したようだ。舵そのものもダメージを受けており、欠落部分もあるが、操舵機に接続される舵柄の部分などが写真手前側に確認できる

海底に横たわる「響」の艦首。鋳造の艦首材が脱落しているために、特型駆逐艦の優美なダブルカーブドバウのシルエットは失われているが、主錨を受けるアンカーレセスの窪みと開口部がかろうじて確認できる

駆逐艦

「響」

(Photo/USN)

駆逐艦「響」(1930年代後半)

DATA(1945年推定)

基準排水量	1,680t
主要寸法	全長118.00m ×最大幅10.36m×吃水3.20m
主機	艦本式タービン 2基 2軸 50,000馬力
最大速力	34.5ノット
兵装	12.7cm連装砲 2基 25mm3連装機銃 2基　25mm連装機銃 1基 25mm単装機銃 17基　3連装魚雷発射管 3基 爆雷投射器 1基
竣工年月日	昭和8(1933)年月日
沈没年月日	1970年代

沈没地点

ロシア・ウラジオストク Karamzin Island周辺

水深　26m

【海底への道程】

駆逐艦「響」は、駆逐艦「吹雪」に始まる特型駆逐艦の第三グループである「暁」型二番艦として、昭和5(1930)年に舞鶴工作部*で起工され、昭和8(1933)年3月に竣工した。

「響」の属する「暁」型は、従来のボイラー4基が3基に変更されるとともに第一煙突が細くなり、艦橋が大型化するなど、それまでの特型駆逐艦とは外観に顕著な相違があった。こうした設計変更は戦闘力向上のためであったが、一方で復原性悪化も招いており、復原性不足による水雷艇「友鶴」の転覆事故を契機に設計の見直しが行われた結果、艦橋の小型化などの復元性改善工事が実施されている。

太平洋戦争での「響」は南方攻略作戦に参加、その後、北方に転戦する。しかしキスカ島で米軍機の空襲を受けてあわや沈没という損傷を負っている。その後は船団護衛やキスカ撤退作戦、マリアナ沖海戦に参加するなど転戦したが、昭和19(1944)年9月、台湾近海で機雷によって(異説あり)再び艦首を損傷した。横須賀で修理を行った「響」は「大和」の沖縄特攻に加わるはずであったが、直前に機雷による損傷を受けて編成から外され、終戦を迎えることになった。

終戦後は復員輸送に従事した後、賠償艦としてソビエト連邦に引き渡されて「ヴェールヌイ」と命名され、さらにその後「デカブリスト」と改名された。ソ連海軍における「響」は主に練習艦として運用され、1970年代にウラジオストク沖カラムジナ島岸で標的艦として沈められている。

*舞鶴海軍工廠はワシントン海軍軍縮条約締結による工事量減少の影響で、当時は工廠から工作部に格下げとなっていた。

船体中央部前寄りに残されていたというこの構造物は、おそらく予備魚雷積み込み用のスキッドビーム。日本艦時代の姿をとどめているように見えるが詳細は不明。いずれにせよ練習艦として運用されたソ連艦時代末期の本艦が予備魚雷を搭載したとは思えない。特に撤去する必要もなく残されたのだろう

残骸に半ば埋もれたボイラー。中央に上部のドラムが見える。特型駆逐艦は本来、ボイラー４基を搭載する設計であったが、「響」の属する「暁」型では燃焼効率が改善されたため、ボイラー搭載数を3基に減少している。「暁」型特有の前部煙突の細い珍しいシルエットは、この改設計によって生まれた

海底の蒸気タービン。兵装類はともかく、機関はソ連時代にも交換されていないので、これはオリジナルの日本製蒸気タービンである。「響」の属する「暁」型（特型駆逐艦第三グループ）はボイラー３基、蒸気タービン２基の機関構成であるが、これが左右どちら側のタービンかは船体がバラバラになっているために判然としない

【海底での邂逅】

賠償艦として当時のソビエト連邦に引き渡され、最終的に１９７０年代に標的艦として処分された駆逐艦「響」は、ロシア・ウラジオストク、Karamzin Islandの近くに眠る。「響」に会いたいと思い、現地のダイビングサービスを検索し、何度かコンタクトを試みたもののしばらくよい感触は得られなかった。

しかし、ＳＮＳを通じてウラジオストク在住のロシア人ダイバー、コンスタンティン氏と親交を深めた結果、彼の案内により、ついに現地を訪ねることができた。ルースキー島にある彼のベースを拠点にスピードボートで約1時間、「響」の眠るその場所を訪れ、撮影することができたのは、２０１９年の夏である。

戦後の「響」は、当時のソ連海軍に編入された際に「ヴェールヌイ」と命名され、その後、老朽化のために練習艦「デカブリスト」と名を変えているため、現地ではそれらの名前の方が有名である。

「響」の眠る場所は、水深こそ艦尾付近で6ｍと浅いが、艦首に向かうと徐々に深くなり、最深部で26ｍに達する。また、夏には18度ある水温も、冬にはルースキー島周辺が流氷に囲われ、水温も0度前後になることから、ボートを出すこともできず、訪れること自体も難しいだろう。

水中で出会った「響」は、残念ながら原型をとどめておらず、当時の面影を想像することも難しい状態ではあったが、艦首をはじめ、ボイラーやタービンなどを確認することができた。

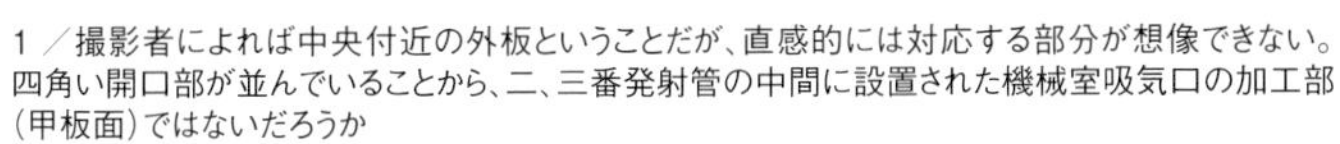

1／撮影者によれば中央付近の外板ということだが、直感的には対応する部分が想像できない。四角い開口部が並んでいることから、二、三番発射管の中間に設置された機械室吸気口の加工部(甲板面)ではないだろうか
2／円筒状の構造物は、背後のダイバーと比較すると相応の大きさがある。確証はないが、船体内の主砲支持構造ではないかと推測する。右奥のきれいな長円形の開口部はハッチの痕跡と思われるが、正面や左側の穴は実艦標的として処分されたさいの命中弾による破孔ではないだろうか
3／艦首付近の残る円筒形の構造物は、おそらく一番砲の支持構造である。横倒しになっているが右側が甲板面であり砲が据えられ、左側の艦内部分から給弾されていたのだろう。肝心の砲が見当たらないのは、標的艦として処分された際に武装が撤去されたため

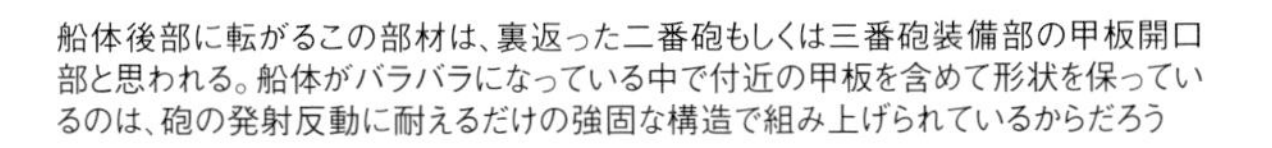

船体後部に転がるこの部材は、裏返った二番砲もしくは三番砲装備部の甲板開口部と思われる。船体がバラバラになっている中で付近の甲板を含めて形状を保っているのは、砲の発射反動に耐えるだけの強固な構造で組み上げられているからだろう

艦首側から艦尾側へ向かって見た伊一六九潜の船体。写真手前になる爆破された部分が船体前部となるので、伊一六九潜はやや左に傾いて着底しているようだ

後部の甲板上。開いたままのハッチとダイバーの対比からハッチの直径が見てとれる。ハッチ手前の矩形の開口部は後部発射艦容の魚雷の積み込み口で、斜めに滑らせるように艦内に魚雷を搬入する。左側に見える開口部は短艇を収容するスペース

伊一六九の艦内から甲板のハッチを見上げた一枚。手前に見えているのが潜水艦の内殻である耐圧船殻の内側であり、丸く明るい水面を切り抜いたように見えるのが、外殻である甲板上のハッチの開口部である。真円形で人一人が潜れる大きさしかないハッチの大きさは、水圧に耐えるため

潜水艦

伊号第一六九

伊号第六八潜水艦(第一六九同型艦1934年)

(Photo/USN)

DATA

基準排水量	1,400t
主要寸法	全長104.7m ×最大幅8.20m×吃水4.58m
主機	ディーゼル 2基 2軸 9,000馬力(水上)
最大速力	23.0ノット(水上)
兵装	10cm単装高角砲 1基 13mm機銃1基 53cm魚雷発射管 4+2門
竣工年月日	昭和10(1935)年9月28日
沈没年月日	昭和19(1944)年4月4日

沈没地点

ミクロネシア・チューク州トノアス島の北西

水深 45m

【海底への道程】

伊号第一六九潜水艦は、日本海軍が艦隊型潜水艦として整備した海大型潜水艦の1隻として、昭和6（1931）年に三菱神戸造船所で起工され、昭和10（1935）年9月に竣工した。伊号第一六八型潜水艦の二番艦であり、海大Ⅵa型と称されることもある。竣工時の艦名は伊号第六九号潜水艦であり、旧艦番号に百の桁が付されたのは、太平洋戦争中の昭和17（1942）年のことである。

太平洋戦争では姉妹艦とともにハワイ作戦に参加、昭和17年6月のミッドウェー海戦を経て、オーストラリア方面に出撃して輸送船1隻を撃沈。内地を経由して北方海域に移動し、キスカ島への輸送作戦に参加して2回の輸送を成功させている。昭和18（1943）年10月からはトラックを根拠地として再びオーストラリア方面への哨戒を実施し、ブイン、ブカへの輸送にあたるなどの活躍を見せた。

だが昭和19（1944）年4月4日、トラック泊地夏島付近で停泊中の伊一六九は、空襲を避けるために潜航しようとしたところ、艦後部の荒天通風筒からの浸水事故によって沈没してしまった。沈没した時点では艦内に生存者がおり、外部からの救助が試みられたものの、空襲の影響や機材の不足から実施できず、沈没時に上陸中だった艦長など20人ほどを除く乗員103名が殉職した。

その後、船体の一部を爆破して遺体と機密文書の回収が実施されたが、完全ではなく、昭和48（1973）年にも艦内からの遺骨の回収が行われている。

艦尾から見た伊一六九潜。プロペラシャフトなど軸系は比較的原形を止めており、二軸推進であることが明瞭に見てとれるが、舵は腐食して半ば失われている。スクリューにも若干の破損が見られるが、腐食ではなく、日本軍による処分時に破壊されたのかもしれない

破壊された伊一六九の艦尾付近。外殻が破壊されて捲れあがってしまっていたり、脱落しているために、フレームで補強された円筒状の耐圧船殻が艦内に見えている。潜航中の潜水艦の艦内で気密が保たれているのは、この耐圧船殻の内部だけで、その外側は海水が自由に出入りする構造となっている

伊一六九の艦前部を上から見る。甲板は板張りであったが、腐食して失われているためにフレームが見えている。複雑な形状なのは甲板下にさまざまな艤装品が収容されるためである。内殻と甲板の間の空間には、起倒式のデリックや無線檣、搭載艇など各種艤装品が収容されており、必要に応じて起こされる

【海底での邂逅】

ミクロネシア連邦・チューク州。トノアス島（旧日本名：夏島）の北西、水深約45mに伊号第一六九潜水艦は眠っている。徴傭船や航空機などのレック（沈没船）が数多くあるチュークのダイビングスポットだが、潜水艦はこの一隻だけである。

爆破によって瓦礫となった艦橋部には潜望鏡などが今も残っており、そこから艦尾に向かって伸びる船体を俯瞰して望んでみると、まさに潜水艦という外観を見ることができる。

艦尾に向かい、船体に沿って泳いでいくと、後部甲板の2ヶ所のハッチのうち、一つが開いていることに気がつく。円形の非常に狭い潜水艦のハッチを、ダイビング器材を背負った状態で入っていくと、エンジンと思われるものや、いくつも連なっている伝声管などが残っている。この伝声管を通して、乗員が潜水艦内部の各部署に指令などを送っていたことを想像すると、当時の熱が伝わってくるような気持ちを覚える。

残念ながら内部は一人が通れるくらいの大変狭い通路となっており、閉鎖空間で何かに引っかかったりするようなリスクも考えられる。過去にはダイバーの事故も起きていることから、テクニカルダイビングなどのトレーニングを受けた者以外は入ることの許される場所ではないだろう。

もっとも、艦尾にはスクリューがいまだ健在であり、船体も耐圧殻がよく分かる。無理をして危険な艦内に入らなくても、往時の潜水艦らしさを感じることができる。

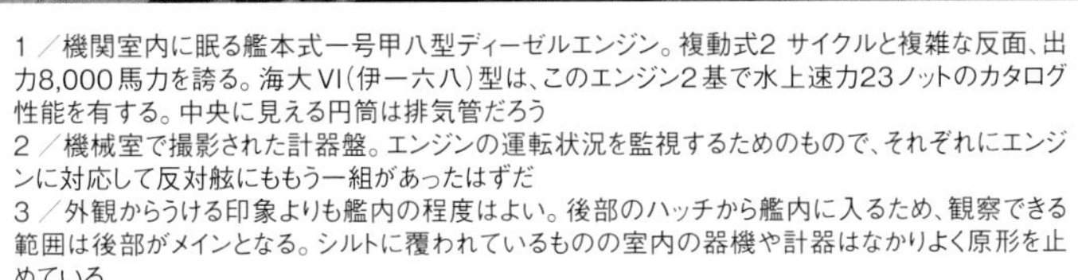

1 ／機関室内に眠る艦本式一号甲八型ディーゼルエンジン。複動式2 サイクルと複雑な反面、出力8,000馬力を誇る。海大VI(伊一六八)型は、このエンジン2基で水上速力23ノットのカタログ性能を有する。中央に見える円筒は排気管だろう
2 ／機械室で撮影された計器盤。エンジンの運転状況を監視するためのもので、それぞれにエンジンに対応して反対舷にももう一組があったはずだ
3 ／外観からうける印象よりも艦内の程度はよい。後部のハッチから艦内に入るため、観察できる範囲は後部がメインとなる。シルトに覆われているものの室内の器機や計器はなかりよく原形を止めている

写真中央は魚雷発射管の後部扉と思われ、おそらく艦尾に装備した発射管2門のうちのいずれかだろう。艦尾発射管は敵艦に追われた場合の反撃や艦首発射管の雷撃後の追撃などに有効だったが、日本潜水艦では水上高速化のためもあって廃止されてゆく

横から見た三番砲と砲座。本来は三番砲と背中合わせに四番砲が装備されていたが、四番砲は撤去され、砲座を拡大して25mm連装機銃2基が装備された。写真の右手に見えているのが右舷側の25mm連装機銃。本来は3番砲の背後にマストがあったはずだが失われており、痕跡もない

三番砲を背後から見る。本来は砲員を風浪や弾片から守る簡易なシールドがあったはずだが、比較的薄い鋼鈑なので失われてしまったのだろう。舷側から立ち上がっているものは、砲座の支柱と小発用のボートダビット。手前の90度曲がった鋼材が砲座の支柱で、本来は砲座と接続されていた

船体中央部から艦尾方向を見る。写真中央に見える砲は、三番砲である。昭和18年の損傷修理時に「追風」は主砲の一部と魚雷発射管を撤去して対空機銃を増強しているが、この砲は元のまま残された。写真手前に見えるホーザーリールは、魚雷発射管を撤去して搭載可能とした小発の積み下ろしに使用するためのものだろう

駆逐艦

「追風」

（資料提供／大和ミュージアム）

駆逐艦「追風」

DATA

基準排水量	1,270t
主要寸法	全長102.6m ×最大幅9.16m×吃水2.92m
主機	艦本式タービン 2基 2軸 38,500馬力
最大速力	37.3ノット
兵装	12cm単装砲 4基 53cm3連装魚雷発射管 3基 爆雷投射器 2基
竣工年月日	昭和元(1926)年7月3日
沈没年月日	昭和19(1944)年2月18日

沈没地点

ミクロネシア・チューク州フェヌエラ島の北西

水深　60m

【海底への道程】

「追風」の属する「神風」型駆逐艦は、その前型である「峯風」型駆逐艦の改良型として誕生した。「峯風」型は帝政ドイツ海軍の水雷艇などを参考に、艦橋前にウェルデッキと呼ばれる窪みを設けることで艦橋への波浪の直撃を避け、荒天の外洋でも行動可能なように設計されている。「神風」型もその設計を踏襲しつつ、機関などを改良している。

「追風」は「神風」型の6番艦であり、大正14（1925）年の竣工時は「第十一号駆逐艦」であったが、後に姉妹艦と共に固有艦名に変更された。太平洋戦争開戦時はすでに旧式化していたものの、戦力不足もあって開戦劈頭のウェーク島攻略作戦をはじめとして各地の攻略作戦に参加、ガダルカナル島攻防戦にも投入されている。

その後、対空兵装の強化などを実施し、同時に舷側に大型のボートダビットを装備、魚雷発射管2基と引き換えに小発（兵員用上陸用舟艇）2隻を搭載可能に改装された。

昭和19（1944）年2月15日、トラック泊地から内地に移動中であった「追風」は米潜水艦の攻撃で損傷（17日沈没）した軽巡洋艦「阿賀野」の生存者を救助してトラック泊地へ引き返したが、折り悪く米機動部隊のトラック空襲に遭遇し、2月18日の空襲で撃沈された。

沈没した「追風」の船体は昭和60（1985）年に発見され、船内の遺骨の収集が行われた。しかしすべて回収できず、艦内への通路は封鎖され、現在も残された遺骨の奥津城となっている。

上から撮影した「追風」の艦尾。向かって右が艦尾方向。写真左端に見切れているのが三番砲で、中央部には四番砲搭載位置に装備された25mm連装機銃が確認できる。本来は2基が並ぶように左右両舷に装備されていたはずだが、左舷側の機銃は床板ごと脱落してしまったようだ。

並んで海底に横たわる「追風」の前部と後部。向かって左が船体後部、右は船体前部のようだ。艦首と艦尾は同じ方向を向いているが、第二煙突前方で分断された船体が着底する過程で向きを変えたのだろう。静謐さをたたえる光景ではあるが、「追風」の壮絶な最期を物語る一枚でもある

真横になって横たわる艦首部分。「追風」の船体は沈没時に前後に分断されており、後部は海底に正立しているが、艦首部分は横倒しとなっている。刃物の切っ先のような部分が艦首で、その形状から「スプーンバウ」とも呼ばれる。この艦首形状は、この時期の日本軍艦の特徴でもある

【海底での邂逅】

駆逐艦「追風」は「神風」型駆逐艦六番艦として竣工した駆逐艦で、同じチュークに沈む駆逐艦「文月」より一世代前の駆逐艦ということになる。「文月」同様、チュークに多数沈む徴傭船などとは沈没地点が異なることから、風向きによっては拠点となるウエノ島からポイントに向かうことが難しい場合がある。

水深は60 mあり、皆さんが想像する普通のダイビングからステップアップした、テクニカルダイビングのスキルを要することをお伝えしておく。ダイバーとして潜りたいと思うのであれば、チュークに沈んでいる多数の艦艇や、徴傭船の中でも、ハードルの高い一隻であるといえよう。

船体は2つに折れており、それぞれ離れて平行に並んでいる。艦首側は裏返しになってしまっているが、艦尾側は正立状態で海底に着底している。こちらは写真で見ても分かるように、特に12㎝砲を装備する甲板室から艦尾にかけて、往時を容易に想起することができるほど、非常にきれいな状態でその姿をとどめていた。

ところが、つい最近、大砲が折れてしまったという話が現地より寄せられた。残念ながら、もはやこの姿を見ることはできないようだ。

甲板に沿って潜っていくと、25㎜の連装機銃や爆雷装填台などが見てとれる。同じ駆逐艦の「文月」もまだ駆逐艦らしい兵装を見ることができたが、「追風」の方が水深が深いため、付着物も少なく、すぐにそれと分かる形状で残っている。

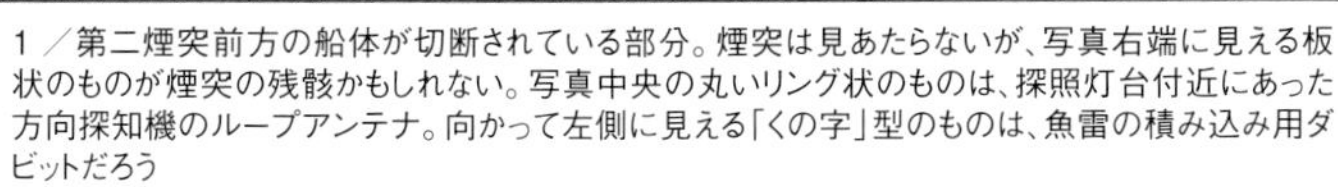

1／第二煙突前方の船体が切断されている部分。煙突は見あたらないが、写真右端に見える板状のものが煙突の残骸かもしれない。写真中央の丸いリング状のものは、探照灯台付近にあった方向探知機のループアンテナ。向かって左側に見える「くの字」型のものは、魚雷の積み込み用ダビットだろう

2／船体前方から後部を見る。奥の方に霞んで見えているのが三番砲などが載っている砲座。中央部分はフラットで何もないが、もともとはこの部分に魚雷発射管2基が装備されていた。魚雷発射管は改装によって撤去され、小発の搭載スペースとなり、小発を扱える大型ダビットを舷側に追加している

3／ガイドロープを伝わってアプローチするダイバー。場所は艦尾部分のようだ。艦尾両舷に張り出すように見えているのは爆雷投下軌条。昭和18年の改装で「追風」は、実質的な高速輸送艦となっているが、護衛艦としての機能も持たされており、対潜兵装の追加が実施されている

駆逐艦

「追風」

海底に横たわる船体前部を艦底側から見る。普通は見ることのできないアングルではある。船体に見えるヒレ状のものが横安定性を確保するためのビルジキール。大きすぎると抵抗になるが、ないと艦の動揺が激しくなってしまい、サイズや形状の決定にはノウハウが必要だった

艦尾のアップ。沈没時の損傷か経時劣化によるものか、艦尾の甲板は広く陥没して状態はよくないが、艤装品はよく原型をとどめている。写真中央に見える籠状のものは爆雷装填台。付近には爆雷投射器もあったはずだが、これは見当たらない。棒状のものは爆雷の積み込みデリック

艦尾から見た右舷側のみ残る25mm連装機銃。エリコン社製機銃を国産化し部分的な改良を行ったもので、日本海軍でもっとも標準的な対空火器の一つである。かたわらに見える箱状のものは、見た目の印象通り弾薬箱。装填済みの弾倉を収容してあり、対空戦闘中の機銃弾は銃側から供給される

船体の切断付近のアップ。甲板上にループアンテナや魚雷積み込み用のデリックが見える。船体舷側に確認できる、磁気機雷対策として開戦直前に追加された舷外電路に注意。向かって右側の湾曲した板は、直撃弾の炸裂か缶の爆発で吹き飛んだ煙突の一部のようにも見えるものの確証はない

駆逐艦

「追風」

補助艦艇・徴用船

空襲下のトラック諸島 1944年2月17日(Photo/USN)

「愛國丸」後甲板

「石廊」艦内

船首と艦橋の中間付近の甲板上を撮影した一枚。中央に見えている小部屋状のものは方向探知機室で、本来はその上にループアンテナが立っていた。直立する太い円筒は前部マストである。右手に見えているフレーム状のものは通船の架台だろう

甲板に多く確認できるという円形の台座は、おそらく5トンクレーンの基部である。クレーンアームなどは沈没時に脱落してしまったのだろう。甲板との固定部のディテールも今まで写真では知られていなかった情報である

給糧艦

「伊良湖」

給糧艦「伊良湖」(1944年)

(資料提供/大和ミュージアム)

DATA (1944年)

基準排水量	9,570t
主要寸法	全長152.0m ×最大幅19.0m×吃水6.05m
主　　機	艦本式タービン 2基 2軸 8,300馬力
最大速力	17.5ノット
兵　　装	12cm連装高角砲 2基 25mm連装機銃 2基 25mm3連装機銃 3基
竣工年月日	昭和16(1941)年12月5日
沈没年月日	昭和19(1944)年9月24日

沈没地点

フィリピン・ブスアンガ島コロン湾

水深　45m

前部甲板上の光景。奥に見えているのが方向探知室とマスト。手前に見えている架台は通船用のもの。ここには木製の6メートル通船がおかれ、入出港時の舫い取りなどの雑務に使用された

【海底への道程】

日本海軍は大正期に大型の給糧艦「間宮」を建造していたが、これに続く艦はなく、昭和期に入ると新たな給糧艦の整備が要望されるようになった。これを受けて第三次海軍艦艇補充計画(㊂計画)で建造が実現した給糧艦が「伊良湖」である。

当初計画では排水量8000トン級が予定されたが、要求性能を満たすと同時に、石油燃料節約の必要性から、主機がディーゼル機関から石炭缶による蒸気タービンに変更されたため、排水量は1万1000トンに大型化した。外観上の特徴である背の高い煙突は、石炭炊きに伴う排煙が調理や洗濯などの艦の機能に影響しないように配慮されたためである。なお、設計は造船所に委ねられ、構造も商船構造が採用されている。

「伊良湖」は昭和15(1940)年に川崎重工業で起工され、昭和16(1941)年12月の開戦直前に竣工している。艦内には畜肉や魚肉などを収容する冷蔵庫などを持ち、漬物や豆腐などのほか、酒保用のパンや駄菓子、餅、ラムネといった清涼飲料などの工場も備え、2万5000人の将兵に対して2週間の補給が可能な能力をもっていた。このほか「間宮」同様に艦隊の通信監察にあたることが考慮されており、各種通信機30台を備えることが可能であった。

開戦直後から各地への補給などに活動していたが、昭和19(1944)年9月21日にマニラ湾で米機動部隊の空襲を受け、ブスアンガ島のコロン湾に退避したものの米機動部隊に捕捉され、24日の空襲で沈没した。

艦橋付近の写真。写真左下に見えるのはその窓部のフレーム。写真中央部に見える台座のようなものは25mm連装機銃。銃身が失われているために分かりづらいが、正面から撮影している。艦橋周辺の防御のために装備されたもので、艦橋が崩壊した時、甲板上に放り出されたのだろう

船尾付近の構造物。右舷舷側を艦尾方向から撮影したものだろう。破孔の見える構造物上には後部の高角砲があったはずだが、脱落してしまっているようだ。舷側に向けて伸びているのはドッキングブリッジのウイング。本来は木製の床があったが腐食して抜けてしまったのだろう。このウイングは従来の模型用図面などにでは見落とされていた

崩壊した艦橋付近。外観はまったくとどめていない。もっとも黄色い魚の群れの左手に見える横倒しになった円錐形の探照灯座のように個々のパーツとしてはよく原形をとどめているものもある。なお「伊良湖」の探照灯は艦橋と煙突の間に設置されていた

給糧艦「伊良湖」

【海底での邂逅】

フィリピン・北パラワンに位置するブスアンガ島、コロン湾。この湾内にはマニラ空襲を避け、退避していたところを狙われて海底に眠ることになった多くの日本のレック（沈没船）が眠っていることで知られており、この給糧艦「伊良湖」もその中の一隻である。

このコロン湾に私が通い出した2015年当時はほとんど日本に紹介されていない状態で、情報も乏しかった。初年度は欧米人のダイビングボートを予約したものの、エンジンが壊れたと言われ、数日待ち惚けとなるアクシデントなどもあった。飛び込みでお願いをしたローカル（現地）のダイビングショップがたまたま老舗だったこともあり、満足のいく撮影ができたことを思い出す。

しかし、この「伊良湖」の撮影では、1日ですべて撮影しようと、艦首、中央、艦尾と水深45mを1日3本潜るというかなりリスクの高いダイビングをしたことは、今だから笑い話にできる内容だろう。潜ってみると、コロンのレック（沈没船）の中でも、多くの魚がいることが目につく。

ある程度水深があるためか、船体に付着物は少なく、船などの輪郭は比較的ハッキリとしていた。残念なことに艦橋部が破損しており、当時の面影を見ることはかなわなかったが、機関室などに入ることは可能。多くのダイバーが出入りしているためか、当時の物が何か残っているかと探してみたものの、恐らくすべて引き上げられてしまっているような状態で、船の景観を撮影するのみにとどまっている。

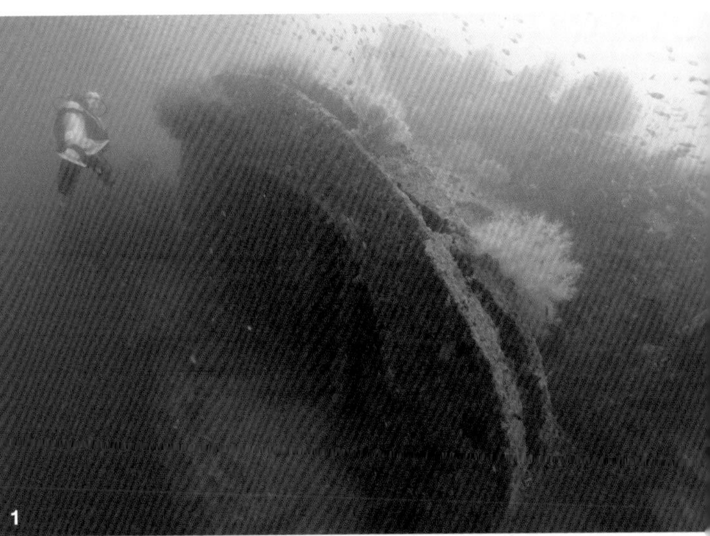

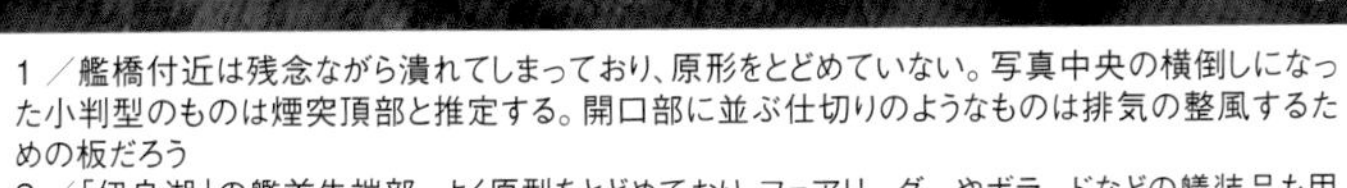

１／艦橋付近は残念ながら潰れてしまっており、原形をとどめていない。写真中央の横倒しになった小判型のものは煙突頂部と推定する。開口部に並ぶ仕切りのようなものは排気の整風するための板だろう
２／「伊良湖」の艦首先端部。よく原型をとどめており、フェアリーダーやボラードなどの艤装品も甲板上に残されている。船体は商船構造で建造されているとはいえ、全体としては軍艦的なデザインであり、外観上からは商船には見えないが、こうした部分だけ見ると商船らしい面影がある
３／艦首の高角砲砲座。高角砲自体は脱落したのか確認できない。砲座は放射状の鉄製フレーム上に、操砲のための床面を木板で形成する構造なので、火災や腐蝕によって木部が失われると写真のような姿となる

真後ろから見た艦尾。魚たちの遊び場となっており、いかにも沈没船といった風情がある。シルトや付着生物のためにディティールは全くつかめないが、商船的な設計の艦尾形状は見てとることができる

船体中央部は損傷の程度が大きい。円筒状のものは、艦橋の後にあったマスト基部か煙突の排気管と推測するが確証はない。周辺の船体の状況などの調査が進めば、もっとさまざまなことが分かるだろう

クレーン基部に増設された3連装機銃の銃身は相当に腐食している。機銃上に置かれているのは12.7cm高角砲弾。ちょっと不自然なので、砲弾はダイバーによって置かれたものだろう。艦首と船体中央部には連装高角砲を1基ずつ装備していたはずだが、写真に見えないところを見ると沈没時に脱落したのかもしれない

甲板上に見える円形の構造物。あまり知られていない形状の構造物であり、断言することはできないが、甲板上に搭載した機体を旋回させるターンテーブルの基部である可能性が高い。一般的な日本海軍艦艇の艦載機用のターンテーブルとは印象が異なるが、これは運用する機体規模の違いから当然だろう

水上機母艦

「秋津州」

（資料提供／大和ミュージアム）

給糧艦「伊良湖」（1942年）

DATA（1944年）

基準排水量	4,650t
主要寸法	全長114.8m ×最大幅15.8m×吃水5.4m
主　　機	ディーゼル 4基 2軸 8,000馬力
最大速力	19ノット
兵　　装	12.7cm連装高角砲 2基 25mm3連装機銃2基 25mm単装機銃3基
竣工年月日	昭和17（1942）年4月29日
沈没年月日	昭和19（1944）年9月24日

沈没地点

フィリピン・ブスアンガ島コロン湾

水深　36m

【海底への道程】

日本海軍は母艦航空隊と並行して有力な基地航空隊戦力を整備していたが、陸上攻撃機と共にその一つの柱となるのが飛行艇部隊であり、四発の大型飛行艇は哨戒・索敵だけではなく攻撃機としても期待されていた。

この飛行艇部隊を支援する目的で建造された艦が、「秋津洲」である。日本海軍最初の新造飛行艇母艦（艦種類は水上機母艦）として、昭和15（1940）年に川崎重工業で起工され、昭和17（1942）年4月に竣工した。公試の段階から、本艦には特徴的な迷彩が施されている。

「秋津洲」の役割は前進根拠地に進出し、飛行艇搭乗員の休養や機材の整備、補給を行うことにあり、このために備えた艦尾の大型クレーンが外観上の特徴であった。これによって「秋津洲」は大型飛行艇を吊り上げて甲板上に搭載し、修理や補給を行うことができたが、力量の大きなクレーンによる荷役能力は大型輸送物件の搭載などにも利用でき、整備のための艦尾の広いスペースと艦内工場により、工作艦として運用することもできた。このため「秋津洲」は魚雷艇の輸送や、パラオ空襲で失われた「明石」にかわる工作艦としても運用された。

昭和19（1944）年9月、米軍のフィリピン侵攻に備えてリンガ泊地に向かった「秋津洲」だが、9月21日にマニラで米機動部隊の空襲に遭遇、ブスアンガ島のコロン湾に退避したものの米機動部隊に捕捉され、24日の空襲を受けて沈没した。迷彩塗装は最後まで維持されていたという。

大型飛行艇を艦上に吊り上げる艦尾の大型クレーンの基部と甲板室。右舷側の前端部が破損しているが、腐食による脱落という印象ではなく、艦中央部だけでなく後部にも直撃弾があったのだろう。軽防御でさほど大きくもない「秋津洲」が、連続する直撃弾に耐えられなかったのは無理もない

「秋津洲」の艦首部分。左舷を下に横倒しになって沈んでおり、向かって右側が甲板面である。分かりづらいが、艦首甲板の上面部分はブルワーク上に立ち上がっている。これは菊花御紋章を取り付けるため。御紋章そのものは木製に金箔を施したものなので、腐食して失われているのかもしれない

艦橋直後のマスト。基部から上部を見上げるかたちで写真奥が艦首方向。この部分もかなり原形をとどめており、藻類の付着や腐食にもかかわらず往時の印象をとどめている。最終時、マスト頂部に見える小さいフラットには電探が据えられてはずだ

【海底での邂逅】

「秋津洲」は水上機母艦に類別されるが、事実上飛行艇母艦であり、そのため艦尾に特徴的な大型のクレーンを装備している。全長28m、全幅38mにもなる二式飛行艇を吊り上げ、甲板に上げて整備などを行えるほどの大きさを誇るクレーンが、今はどのような状態になっているのか気になっており、コロンを訪れる際には一番会いたい艦と思っていた。

コロン湾には約10隻の日本艦船が眠っており、2015年に初めて訪ねた際にはほとんど情報がない状態だったのだが、それらの沈船群の中で、代表的な艦船がこの「秋津洲」ではないだろうか。

島々に囲まれたこのエリアは、海中の透視度が悪いときは数m先までしか見えないこともあるそうで、現地のフィリピン人ガイドもその状態を「ミルキー」というほど濁り、乳白色になるとのこと。2015年以降、何度かこのコロンを訪れ、「秋津洲」も何度か潜っているが、幸いにしてそこまで濁ることはなく、10〜15mほどの視界を確保できていたように思う。

船体は完全に横たわった状態で、海底に眠っている。前述のクレーンの状態は予想以上によく、しっかりとディテールも残っている。撮影する側の気持ちとしては、遠目からクレーンの全景を一枚の写真で収められればと思うがさすがに難しい。クレーン基部には増設された3連装機銃なども残り、砲弾なども見てとれる。全長114.8mという船体は大きく、本艦に潜る際には、ペネトレーション(船内探索)なども可能だ。

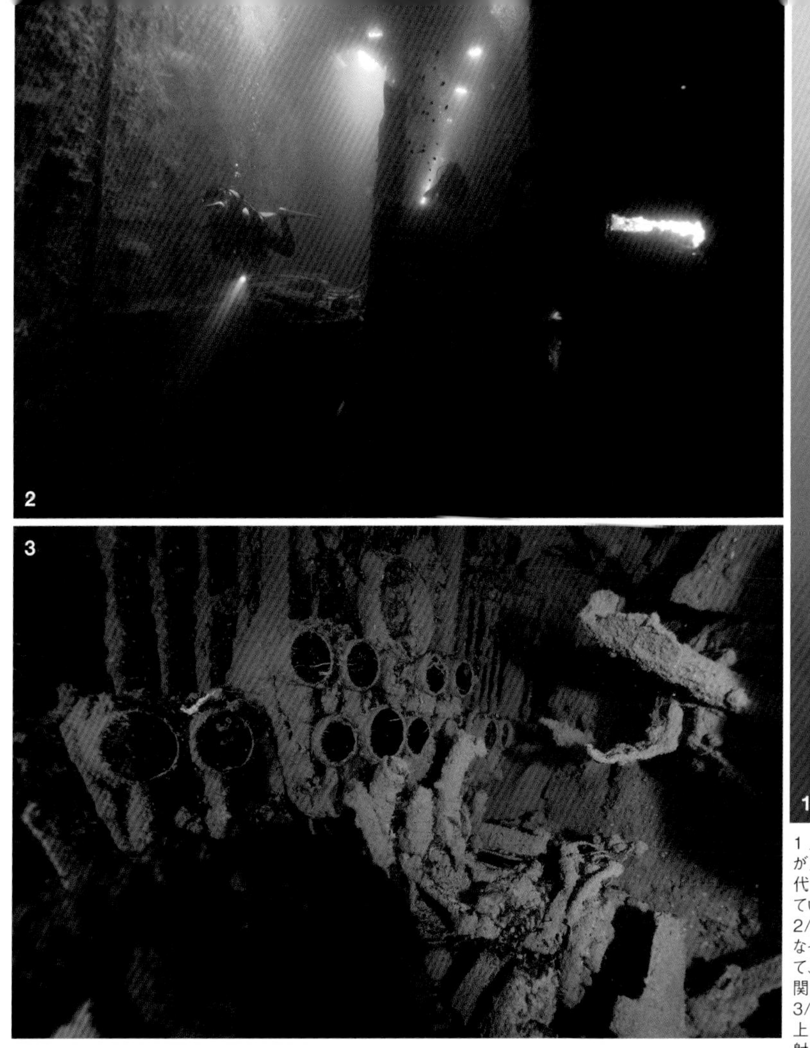

1／右舷斜め後方から見た艦尾。横倒しになっているので、左下にクレーンの支柱が見えている。大型クレーンを艦尾に装備したこともあり、「秋津洲」の艦尾はこの時代の日本軍艦では少数派のトランサムスターンと呼ばれる四角い平面型が採用されている。写真はこの艦尾形状をよく捉えており、貴重な一枚
2/艦内を探索するダイバー。艦内空間は高さがあるように見えるが、船体が横倒しになっているために、実際にはダイバーの左右の壁が天井と床であり、ダイバーと比較して、さほど天井が高いわけではないことが分かるだろう。空間としては比較的広く、機関室周辺か艦内の整備工場区画かもしれない
3/艦内に残された多数のメーター類。この写真は、横倒しの艦内でカメラを倒して、上下を正しく撮影されている。計器のガラス面だけが、70余年の時間と関係なく、反射して光っているのが印象的。正確な撮影場所は分からないが、主機の運転に必要な計器類が集約された機関運転室あたりではないかと推測する

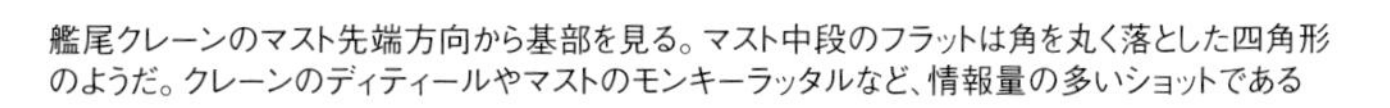

艦尾クレーンのマスト先端方向から基部を見る。マスト中段のフラットは角を丸く落とした四角形のようだ。クレーンのディティールやマストのモンキーラッタルなど、情報量の多いショットである

特設潜水母艦

「平安丸」

「平安丸」の甲板上。船体は横倒しになっており、写真はカメラを90度傾けた状態で、写真右側が海面。そう言われないと分からないほど状態はよく、階段やデッキの手すりなども付着生物に覆われてはいるが、よく残っている。日本海軍の艦艇は原則的に二本手すりだが、「平安丸」は民間の貨客船なので三本手すりで、細部の雰囲気も異なる

箪笥の転がる船室。時間の経過の割に腐食は進んでおらず、海底の沈船というよりも陸上の廃墟を撮影したようにも見える。軍艦の場合、戦争後半から末期には難燃化のために木製品の多くを撤去しているが、「平安丸」の場合は船室内の家具等はそのまま残されていたようだ

船内のデスクの周りには、文房具とともにさまざまな本も残されている。１冊のページをめくってみると中はまだしっかり読むことのできる状態で、「燃える名探偵」「怪傑龍鬼対鬼刑事」などの文字が躍る娯楽小説のようだ

船内には火災の跡があり、家具類や残された本なども炭化した跡がある。デスクの上に残されている焼け焦げたカレンダーは昭和19年12月。この年は12月25日(月)が大正天皇祭の祝日で、3連休だったことが分かる

特設潜水母艦「平安丸」(1930年代 貨客船時代)

(Photo/USN)

DATA(1944年)

総トン数	11,616 t
主要寸法	垂線間長155.91m ×最大幅20.12m×吃水9.2m
主　　機	ディーゼル 2基 2軸 11,000馬力
最大速力	18.0ノット
兵　　装	12cm高角砲 2基 25mm連装機銃 2基 13mm連装機銃 2基
竣工年月日	昭和5(1930)年11月24日
沈没年月日	昭和19(1944)年2月18日

沈没地点

ミクロネシア・チューク州トノアス島の西

水深　35m

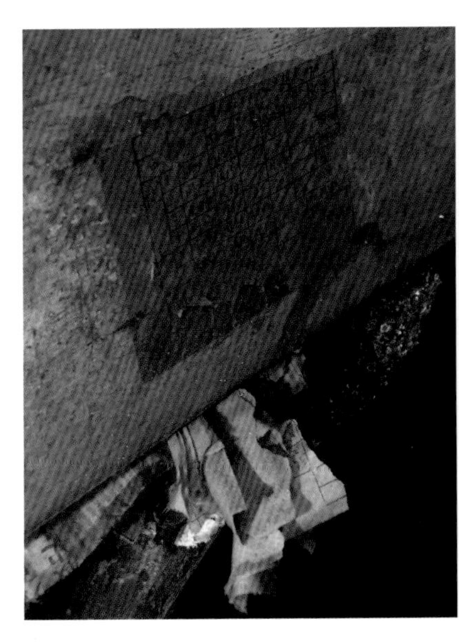

右／トイレ内の小便器はアサガオ型ではなく、今でも通用しそうなモダンなデザイン。綺麗に残った床面のタイルもブルーを基調にした凝ったパターンで、いかにも客船らしい雰囲気。右手に転がっているものは沈没時に衝撃で外れた水洗用の水タンクだろう

左／艦内の机に張られた「定期表」。艦と陸上施設を定期往来する内火艇の運行予定表だろう。艦と陸上を往復する内火艇は、業務で陸上司令部に異動するほかに休暇で上陸する将兵も利用したが、その運航責任は若手士官の役割だった

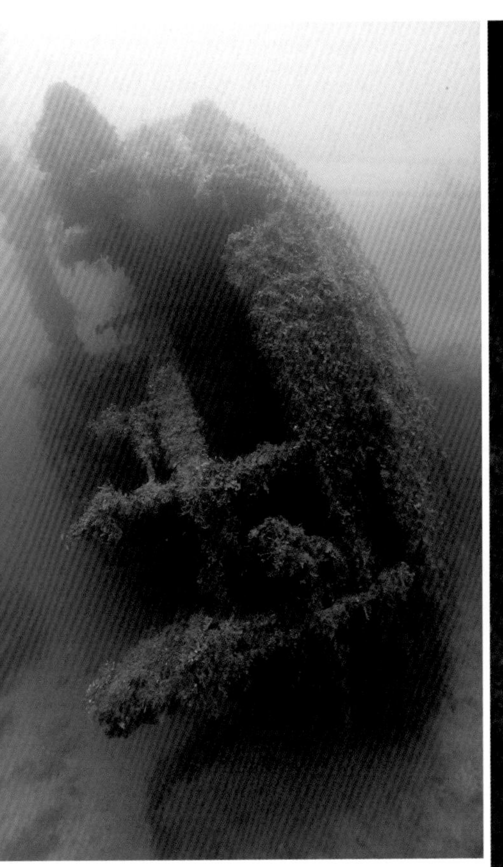

左舷を下に着底する「平安丸」の姿を船尾方向から撮影した1枚。画面右が船底となる。海藻に覆われてはいるが、カウンタースタンと称される、往時の商船らしい優美な船尾形状やドッキングブリッジなどははっきりと見てとれる

船室壁面を利用して固縛されていたまま朽ちてゆく予備の潜望鏡。言うまでもなく潜望鏡は潜水艦の装備の中でも重要度の高いものであるが、戦闘や事故で比較的損傷しやすい部分でもあるため潜水母艦には予備が用意されていた。船室の外壁に括られたのは、長尺貨物であるため船倉への収用が難しかったからだろう

特設潜水母艦

「平安丸」

【海底への道程】

「平安丸」は日本郵船の「氷川丸」級の三番船として大阪鐵工所桜島工場で建造され、昭和5（1930）年に竣工した北米シアトル航路向けの貨客船である。船名は平安神宮に由来し、船内には神社が祀られていた。

シアトル航路は昭和16（1941）年8月、日米関係の悪化を理由に閉鎖されるが、戦前最後のシアトル航路を航海したのは「平安丸」である。

「平安丸」は昭和16年10月に海軍に徴用され、特設潜水母艦に改装されている。「氷川丸」級は戦時徴用を前提とした助成制度を受けて建造されており、徴用は当初から予定されたものであったが、計画時の構想では飛行甲板をもつ航空機運搬船への改装であった。だがこれは飛行機の高性能化にともない対応が難しくなっており、潜水母艦「大鯨」の空母「龍鳳」への改装による潜水母艦不足を埋める目的もあって改装が行われている。

改装後は第六艦隊に所属、太平洋戦争開戦後、クェゼリンやラバウル方面への輸送任務に従事し、昭和18（1943）年にはキスカ島撤退作戦に参加するため第五艦隊の指揮下に入り、幌筵に移動、潜水艦部隊を支援した。

その後は再び輸送任務やトラック泊地での潜水艦支援にあたっていたが、昭和19（1944）年2月17日の米機動部隊によるトラック空襲で爆弾1発を受け、浸水被害を生じた。このときは沈没を避けることができたが、翌18日の空襲によって魚雷1発、爆弾2発を受け火災を生じ、夏島（トノアス島）付近で沈没した。

「平安丸」船尾の船底部。船体は左舷を下に横倒しになっているため、手前に見えるものが舵である。その奥に霞んで見える十字型のシルエットが四枚翼のスクリュー。「平安丸」は効率性の観点から1軸推進を採用しているので、舵とスクリューは船体中心線上にある

今も船体に残る船名のプレート。「HEIAN MARU」の文字がはっきりと見えるが、戦争中は防諜のために船体と同色に塗りつぶされていた。なお戦時中の「平安丸」は軍艦色の基本塗装の上から明度の異なるグレーなどを用いた直線的なパターンの迷彩塗装を施されていたことが現存する写真から確認できる

船体中央部の短艇甲板とその下の遊歩甲板。「遊歩甲板」は「プロムナードデッキ」とも称され、キャビン部分の外周を巡る天井のある通路。一定のクラス以上の客船には備わっているもので、現在のクルーズ船などにも備わっている。「平安丸」は貨客船であるが、貨物より乗客にウェイトを置いた設計であり、こうしたことも特設潜水母艦として徴用された大きな要因ではあった。曲がって突き出すのはボートダビット。本来ならこの付近には救命艇や内火艇などが搭載されていたはずである

【海底での邂逅】

ミクロネシア連邦・チューク州。トノアス島（旧日本名：夏島）の西、水深約35mの海底に、「平安丸」は左舷を下にした状態で眠っている。本船は現在も横浜、山下公園に係留・保存されている「氷川丸」級の三番船で姉妹船である。

戦前に日本郵船シアトル航路に就役したが、開戦を控えた昭和16（1941）年に日本海軍に徴用され、特設潜水母艦へと改装された。

昭和19（1944）年2月17日および18日の空襲で沈没するまで、各地への物資輸送や潜水艦への補給あたっていたため、船内では魚雷や潜望鏡なども見ることができる。

チュークに眠るレック（沈没船）の中で最も全長が長く、元貨客船ということもあり、船内には当時の乗員が残したさまざまな遺物が残されており、他の船には見られない「当時の生活感」を感じることができる。

沈没時に火災などが起きたためか、壁なども崩れていたりすることから、横向きになった船体を探索する場合、自身が今、どこにいるのか分からない状態に陥ることも多く、リスクも高いといえる。

しかし船内に残された机には島と船とを行き来していた内火艇の就航表が貼られていたり、ベッドやタンスなどの家具、鉛筆などの文房具、さらにはまだはっきり文字を読むことのできる何冊もの本まで残されている。内容は軍事的なものから小説、手品の種明かしといった娯楽本だったりさまざまで、往時の様子を偲ぶことができる。

特設運送船

りおでじゃねろ丸

潜行してまず見えてくるのが、横倒しになった船体。2012年の撮影当時、左舷を上に着底した船体はよく原形をとどめており、画面中央手前に見えるボートダビットなどに往時の面影が伺えた。しかし、現在上部は崩れてしまっている。同じ場所を2015年に撮影した81ページ 2の写真と比較してみてほしい

甲板上に開口した四角い開口部は船倉口。縁には一段高い立ち上がり部分（コーミング）があり、荒天時などの海水侵入を防いでいる。もちろん航海時には、ハッチボードで開口部は塞がれ、その上からカンバスでシートがかけられる。ダイバーとの比較で、感覚的に船体のサイズも分かるだろう

船体舷側のアップ。わずかに「りおでじゃねいろ」の「ろ」らしき文字が見える。外板は重ね合わせで接合されており、現代の船舶のように平滑ではない。これは建造当時の船殻建造ではリベット接合が標準的であったためである。すでに溶接技術も存在したが、大型船の船体全部といった広範囲な使用例は少なく、現在のような突き合わせ溶接の技術も確立していなかった

特設運送船

りおでじゃねろ丸

特設運送船「りおでじゃねろ丸」（1937年 貨客船時代）

(Photo/USN)

DATA

総トン数	9,627t
主要寸法	垂線間長140.20m ×最大幅18.89m×吃水7.86m
主機	ディーゼル 2基 2軸 7,515馬力
最大速力	17.08ノット
兵装	15cm単装砲 3基 13mm連装機銃 2基
竣工年月日	昭和5（1930）年5月15日
沈没年月日	昭和19（1944）年2月17日

沈没地点

ミクロネシア・チューク州ウマン島の東

水深　36m

船倉口からブリッジ前面を見る。ブリッジ前面に立っている柱は、荷役用のデリックを支持し、その操作のための支点となるデリックポスト。コンテナ輸送が普及する以前の貨物船は港湾施設に頼らずに荷役できるようにデリックをもつことが普通で、船のデザインを構成する要素でもあった

【海底への道程】

「りおでじゃねろ丸」は大阪商船保有の西周り南米航路用の貨客船である。大阪商船の南米航路の船質改善のために昭和4（1929）年に三菱長崎造船所で起工され、昭和5（1930）年に竣工している。「りおでじゃねろ丸」の竣工によって大阪商船の南米航路向け貨客船の船質改善は完了し、63日を要した神戸-サントス（ブラジル）間の航海は47日に短縮された。

昭和14（1939）年以降は新鋭船「あるぜんちな丸」「ぶらじる丸」に航路を譲り、南米東回り航路に配船されたが、昭和15（1940）年に海軍に徴用された。当初は特設運送艦であったが、昭和16（1941）年3月に特設潜水母艦に変更され、自衛用火砲、機銃の装備や魚雷や弾薬庫の設置などの改装が実施された。「りおでじゃねろ丸」などの徴用船舶の特設潜水母艦化により、日本海軍は「剣崎」や「大鯨」などの大型潜水母艦を空母に改装できるようになった。

特設潜水母艦として艦隊に就役した「りおでじゃねろ丸」は、マレー・インド洋方面に進出し、ペナンを根拠地として潜水艦部隊の支援に従事した。ミッドウェー海戦にも参加し、その後もペナンや東南アジアでの輸送任務に従事した。昭和18（1943）年に特設潜水母艦から特設運送船に転籍、主に日本本土で行動していたが、昭和19（1944）年2月11日に横須賀から輸送任務のためトラックに進出した直後の17日、米機動部隊のトラック島大空襲に遭遇して被爆炎上、冬島（現ウマン島）近くで沈没した。

ほぼ真正面から見た船首。船体は右舷を下に横倒しになって海底に接地している。水線から船首舷側上部にむかって美しくフレア（波を捌くための返し）がついているのが見える。船首のベルマウスから錨鎖が繰り出されたままになっており、沈没時も船は停泊状態だったのだろう

下から撮影した、船上に残る15cm砲のシルエット。特設潜水母艦は潜水艦への通信、補給や乗員の休養を主任務とするものであり、積極的に水上戦闘を行う艦種ではないが、自衛用に15cm砲4門程度の兵装を備えていた

プロムナードデッキを進むダイバー。横倒しになっているので壁が床となりそれに沿って進んでいく。貨客船時代は一等船室や談話室であった部分である

【海底での邂逅】

大阪商船の「ぶゑのすあいれす丸」級の二番船として、昭和5（1930）年に竣工した南米航路用貨客船（移民船）「りおでじゃねろ丸」は、ミクロネシア連邦・チューク州のウマン島（旧日本名：冬島）の東、水深36mに、横倒しになって眠っている。

過去の書物などを見てみると、船名は「りおで゛志やねろ丸」と表記されている。しかし、かつての船主である大阪商船、現在の商船三井に確認をしてみたところ、船名は「りおでじゃねろ丸」というひらがなで統一しているそうだ。

本船は昭和15（1940）年に特設運送船として徴用され、さらに昭和16（1941）年には特設潜水母艦に改装されている。

この船は機関室などに入っていくペネトレーション（船内探索）なども可能で、非常に見所の多い船であるといえる。貨客船ということもあり、多くの荷物を積んでいるが、特に船倉にある箱に入った状態できれいに並んだビール瓶などは、ほかの船では見ることのできないものであろう。

また、船内に溜まったシルト（泥）の中を探ってみると、当時の新聞の切れ端や、将棋の駒なども残されている。かつてこの船の乗組員たちが、どのような生活を送っていたのか、その痕跡を垣間見ることもできる。

しかし、この船もまた、経年劣化から逃れることができず、残念ながら各所で徐々に崩れてきている。今後は今まで見ることができていた場所にも入れなくなるなど、その影響が出てきてしまうだろう。

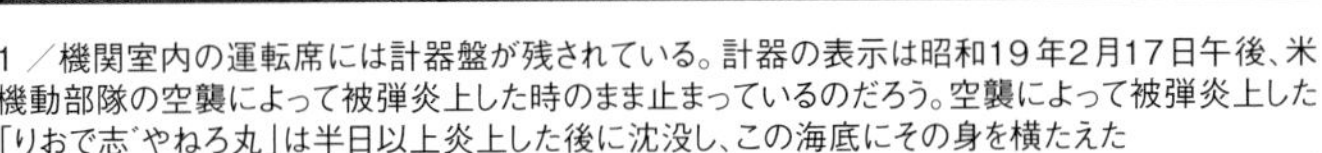

1 ／機関室内の運転席には計器盤が残されている。計器の表示は昭和19年2月17日午後、米機動部隊の空襲によって被弾炎上した時のまま止まっているのだろう。空襲によって被弾炎上した「りおで志゛やねろ丸」は半日以上炎上した後に沈没し、この海底にその身を横たえた
2 ／ボートデッキ（短艇甲板）付近の様子を写した一枚。やや損傷しているが、ボートダビットなどが確認できる。民間船時代は救命艇などの搭載場所であったが、徴用後は内火艇や小発などが搭載された。なお大型で重い大発は一般的なボートダビットでは運用できないため、甲板に積み、デリックで扱った
3 ／箱から飛び出て散乱していたり、収納されたままの酒瓶。「大日本ブルワリー」や「赤玉ポートワイン」などと瓶に記載されてる。高温多湿な潜水艦勤務は将兵に消耗を強いるものであり、高カロリー食による健康維持などが研究されていた。写真の酒類も嗜好品であると同時に、栄養補給といった目的をもって搭載されていたものだろう

後方から見たスクリュー。人との対比するとどれだけ大きなものなのか見てとれる。本船の属する「ぶゑのすあいれす丸」級は、「さんとす丸」級に続く大阪商船二番目のディーゼル貨客船であり、最大17.5ノット、経済速力14ノットの優速と優れた船内設備によって南米航路の船質改善を実現している

船首付近の船内での一枚。貨物を収容する船倉ではないので空間としてはそれほど広くない。光が差し込んでいるのは甲板からアクセスするハッチの開口部と円形の天窓か。「おりんぴあ丸」は船尾から沈没したというが、ほぼ水平に海底に着底しており、光は天井から降り注いでいる

航空工作船

おりんぴあ丸

船首の砲座は比較的よく原型をとどめている。この砲座には八八式七糎野戦高射砲が装備され、おそらくブリッジ付近に装備された20mm機関砲とともに対空戦闘にあたったはずだが、砲自体は脱落してしまったようで見あたらない

第一船倉付近から船首方向を望む。写真奥が船首楼甲板で、かすかに船首の砲座が見える。2本立つ塔状のものはデリックポスト。「おりんぴあ丸」は船首楼後端に第一船倉用のデリックポストを備えていた

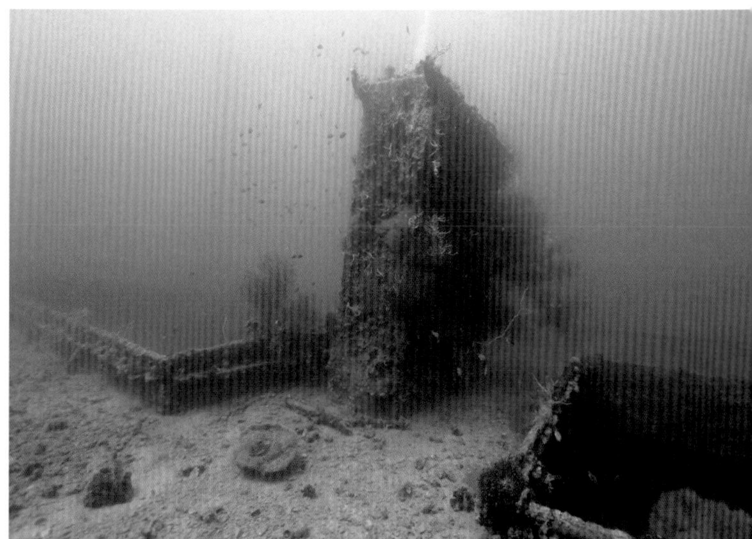

甲板上、フチのある開口部は船倉口で、その間に立っている四角形のものは航行時にデリック先端部を預ける架台を兼ねた吸気口の基部。本来は船倉口それぞれの反対側にデリックポストが立っており、荷役用のデリックが装備されていた

航空工作船

おりんぴあ丸

航空工作船「おりんぴあ丸」(1920年代 貨物船時代)

(出典／三菱造船株式会社『商船建造の歩み』)

DATA

総トン数	5,611t
主要寸法	垂線間長123.44m ×最大幅16.76m×吃水9.75m
主機	ディーゼル 1基 1軸 2,300馬力
最大速力	13.85ノット
兵装	75mm高射砲 1基 20mm機関砲 2基
竣工年月日	昭和2(1927)年8月30日
沈没年月日	昭和19(1944)年9月24日

沈没地点

フィリピン・ブスアンガ島コロン湾

水深　30m

【海底への道程】

「おりんぴあ丸」は、昭和2(1927)年に三菱造船長崎造船所で起工され、同年に竣工した貨物船であり、「ころんびあ丸」の二番船。船主は三菱商事であったが後に三菱汽船に移っている。

昭和16(1941)年に陸軍に徴用され、「航空工作船」への改装を受けている。航空工作船とは前線部隊では実施できない航空機の大規模な修理やオーバーホールなどを担当する野戦航空廠を輸送船にパッケージしたものである。これは野戦航空廠を戦線の移動に合わせて速やかに推進させることを目的としており、開戦前の計画にしたがって「おりんぴあ丸」とともに神戸製鉄所の「彌彦丸」も航空工作船となっている。

「おりんぴあ丸」には第十八船舶航空廠が乗り込み、前部の船倉を改造して設置された工作機械などによって航空機の整備や修理を行った。後部の船倉には通風トランクの設置などを行い、居住区や倉庫に改造されている。

「おりんぴあ丸」は太平洋戦争緒戦のマレー作戦に参加し、その後インドネシア方面での作戦にも参加している。南方攻略作戦終了後はシンガポールを根拠地に活動したが、昭和19(1944)年7月に第十八船舶航空廠はマニラに上陸しており、以降は輸送任務に従事した。昭和19年9月22日の米機動部隊のマニラ空襲に遭遇し、軍需物資とともにコロン湾に退避したが、9月24日の空襲を受けて沈没している。

なお付近で沈没している「越海丸」が近年まで「おりんぴあ丸」と誤認されており、注意が必要である。

甲板上から船橋方向を望んだ一枚。小さい船倉口の横に見えるのはデリック操作用のウィンチ。その先に立っている太い柱がデリックポストであり、本来はその基部にデリックが装備されていたはずである

撮影場所が判然としないため断定できないが、中央付近に白いタイルが見えているので水回り関係の一角なのだろう。「おりんぴあ丸」は徴用後の改装時に、乗り組む将兵用に甲板上や船内に居室やトイレ、風呂を追加しており、これもそうした区画かもしれない

船倉口をのぞき込んだショット。「おりんぴあ丸」の船倉内は整備工場や倉庫に改造されていた。このため船倉口には通風トランクや昇降口が設置されていたはずだが、こうした艤装は木材や薄い鋼鈑で加工されるのが常であったから、現存していないようだ

【海底での邂逅】

航空工作船「おりんぴあ丸」は、「秋津洲」や、「伊良湖」と同じフィリピン、ブスアンガ島のコロン湾、水深30ｍに眠っている。この船は私自身、思い入れのある船の中の一隻である。

２０１５年、初めてコロンを訪れた際、トラブルはあれど(64ページ「伊良湖」参照)多くのレック(沈没船)を潜り、撮影した。しかしそのときは気付かなかったのだが、「おりんぴあ丸」として違う船を紹介され、撮影していたのである。

経年劣化などにより、船の形が変わってしまうことなども多く、その際は言われるままに撮影をしたのだが、二度目に訪れたコロン湾での取材の際に、大きな疑念が生まれることになる。ダイブショップなどを巡ってみたところ、ショップによって船の名前が違っており、初年度に訪れた際に案内された船は「ＭＯＲＡＺＡＮ ＭＡＲＵ」と書かれているのだ。

話を聞いていくと、現地では、長らくＭＯＲＡＺＡＮ ＭＡＲＵという船を「おりんぴあ丸」として紹介していた。しかし、近年の再調査により、船が違うということが判明し、本ページに掲載している船が「おりんぴあ丸」ということで決着した。

ところが、ポイント名として定着してしまったので、現在もそのままポイント名として使っているショップもある……ということだそうだ。今でもそれは続いているようである。個人的な気持ちとして、なんとか統一してもらえた方がその船もうれしいのではないだろうか、と思っている。

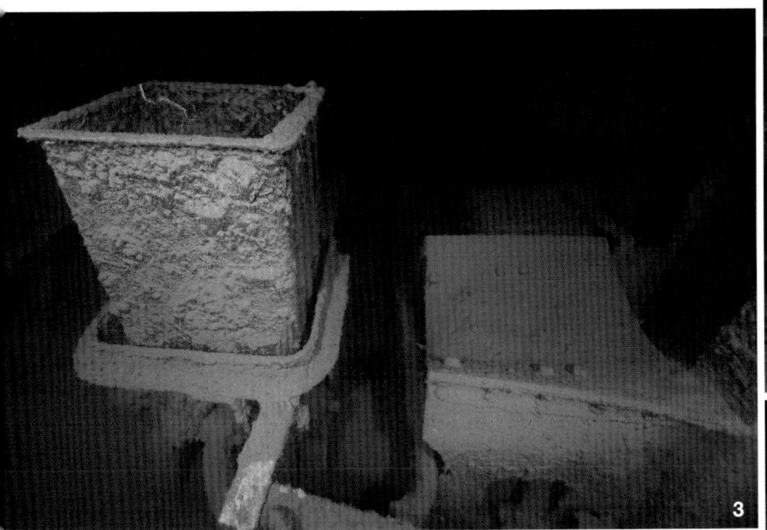

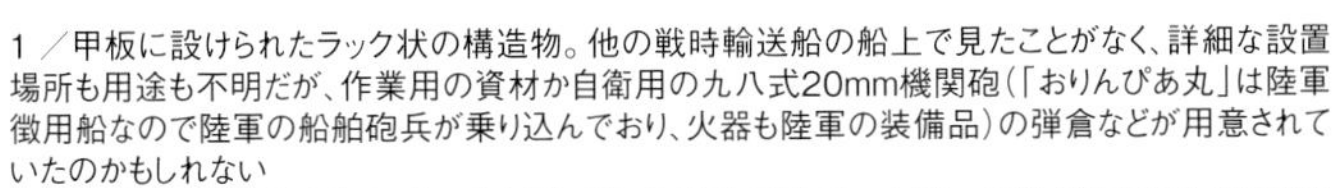
1 ／甲板に設けられたラック状の構造物。他の戦時輸送船の船上で見たことがなく、詳細な設置場所も用途も不明だが、作業用の資材か自衛用の九八式20mm機関砲（「おりんぴあ丸」は陸軍徴用船なので陸軍の船舶砲兵が乗り込んでおり、火器も陸軍の装備品）の弾倉などが用意されていたのかもしれない

2 ／船倉内に残されたドラム缶。「おりんぴあ丸」に展開していた第一八船舶航空廠は昭和19年7月にマニラ陸上に移動していたが、「おりんぴあ丸」は最後まで航空機整備関連の機能を保持したままマニラ-セブ間の輸送任務に従事していたようだ

3 ／船倉内に残る工作機械らしきもの。徴用された「おりんぴあ丸」は第一、第二、第三船倉内に工作設備等が設置され、乗船した船舶航空廠によって前線部隊の手におえないオーバーホールなどの重整備作業を担当し、陸軍航空隊の展開や戦力維持を助けた

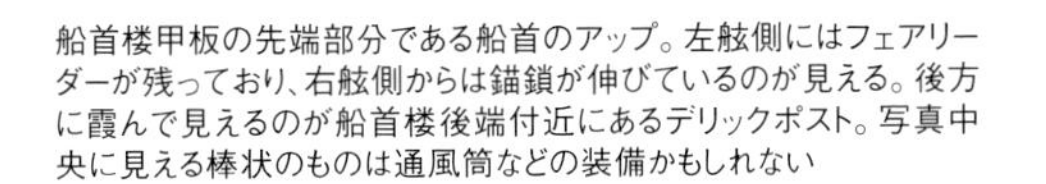
船首楼甲板の先端部分である船首のアップ。左舷側にはフェアリーダーが残っており、右舷側からは錨鎖が伸びているのが見える。後方に霞んで見えるのが船首楼後端付近にあるデリックポスト。写真中央に見える棒状のものは通風筒などの装備かもしれない

船首より船体を望む。短い船首楼の後端付近に見える一段高い部分は14cm砲の砲座。備砲も残っているが付着した珊瑚などでシルエットは茫洋としている。写真で艦首から伸びているロープは海上に船が沈んでいることを示すブイが取り付けてあるようだ

甲板上に残るマストとデリックポスト。やけにがっちりとした構造だが、これは洋上給油のために送油管を保持するため。純然たる民間タンカーには必要のない装備で、海軍艦艇であることの証左といえる。このデリックは設置位置に個性があり、個艦識別のポイントとなる

甲板上、写真奥に見えるのが艦中央部に位置する艦橋。右端に艦橋と船首楼を繋ぐ通路兼蛇管置場が見えるが、床板などは失われている。これもまたタンカー特有の構造である

給油艦

「石廊」

給油艦「石廊」（1944年3月30日）

（Photo/USN）

DATA

基準排水量	14,050t
主要寸法	全長143.48m ×最大幅17.75m×吃水10.67m
主　　機	レシプロ１基１軸 4,770馬力
最大速力	13.272ノット
兵　　装	14cm単装砲 2基 8cm単装高角砲2基
竣工年月日	大正11（1922）年10月30日
沈没年月日	昭和19（1944）年4月17日

沈没地点

パラオ・ウルクターブル島の西

水深　38m

【海底への道程】

給油艦「石廊（いろう）」は「野登呂」型給油艦の一隻として、大正10（1921）年に大阪鐵工所で起工され、大正（1922）11年に竣工した。「野登呂」型給油艦は八四艦隊計画、八六艦隊計画で合計7隻が建造された給油艦であり、「石廊」はその七番艦であるが、ネームシップの「野登呂」が後に水上機母艦に改装されたため、二番艦の艦名から「知床」型とされることも多い。

海軍艦艇籍にはあるが、船型は一般的なタンカーと変わらず、洋上給油用の装備や自衛用の火砲によってかろうじて軍艦らしい外観を保っている。

給油艦は艦隊に随伴して燃料や機関用の清水の補給、根拠地への燃料輸送を主な任務とするが、平時に全艦が艦隊に随伴する必要はないため、非武装で北米やボルネオへの燃料買い付けと輸送にあたることも多かった。「石廊」も北米からの石油輸入に従事しており、日本海軍の活動を支えている。

だが太平洋戦争時には最大13ノット程度の「石廊」が巡航速力18ノットの機動部隊に随伴することは困難であり、その任務は民間から徴用された高速のいわゆる「川崎型タンカー」に譲っている。

昭和19（1944）年3月にバリクパパンからパラオへの燃料輸送中に潜水艦の攻撃を受けて損傷した「石廊」は応急修理を実施しつつパラオに入泊して本格的な修理を待っていたが、同年3月30日のパラオ大空襲に遭遇して行動不能となる損害を受け、翌日の再度の空襲で擱座、放棄された。放棄された船体は4月17日に沈没している。

艦尾の砲座と14cm砲。砲座は鋼製のフレーム上に木の板を張る構造のため、木板が腐食して失われた結果、フレームのみが残されている。「石廊」をふくむ「知床」型給油艦は艦隊タンカーとして建造されたため、敵艦船と遭遇した場合の自衛用として当初から艦首尾に14cm砲の砲座を備えていた

機関室付近の甲板。立ち上がっている円筒状のものは機関室の通風筒。キセル型の上部は失われているようだ。中央に横たわって見えるものは、基部から倒壊した煙突。その表面に等間隔で見えるものは、保守点検作業などの手がかり、足場となるジャッキステーのようだ

海底に浮かび上がる艦尾。奥にぼんやり見えるのが上写真の14cm砲の砲座。「知床」型給油艦の平時の任務には海外からの石油輸送があり、しばしば海外で購入した石油を日本へ還送する任務にあたっている。買い入れ先は主にアメリカであったが、不用な緊張を避けるため平時は14cm砲を撤去していた

【海底での邂逅】

パラオに眠る給油艦「石廊」は、静岡の石廊崎からとって名前が付けられたという。日本海軍のタンカーだが、外観的にも構造的にも民間タンカーと変わることはない。しかし当初から特務艦籍にあった軍艦であり、民間徴傭船のように船名に「丸」がつくことはない。

「石廊」は全長143mと、パラオに沈む船では一番大きく、水深も甲板上で28mとあまり深くはない。そのためパラオのレック（沈没船）ダイビングでは、最も有名で、潜られることの多い艦である。

給油艦だったからか、船倉内にも多数のドラム缶が積載されている。また、艦内ではトイレや浴槽、キッチン、フレームだけになったベッドなど、生活感ある設備や、機関室に堂々と鎮座する蒸気レシプロエンジンも見ることができる。

艦首と艦尾には、主砲である14cm砲が残されている。艦首の主砲は珊瑚に覆われてしまっているものの、艦尾の主砲はフレームだけとなった砲座を含め、形もハッキリと見てとることができ、まるで当時の姿そのままといっても過言ではないほどよい状態で残っている。

パラオといえば、有数の親日国である。ダイバーにとっては海の透視度も高く、魚影も濃く、お魚天国のような場所であり、日本人の人気も高い。しかし、親日である理由、そして、日本に関連する多数のレックが今もパラオの海底に存在していることをぜひ知ってもらえたらと思う。

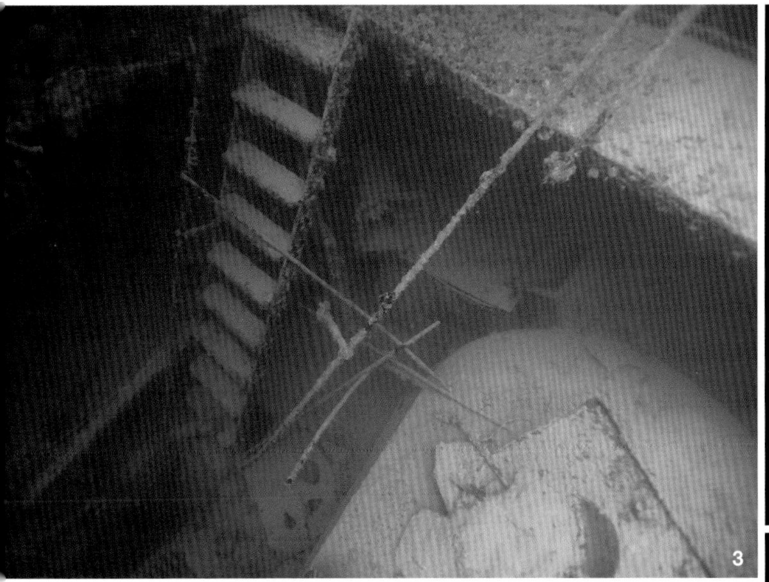

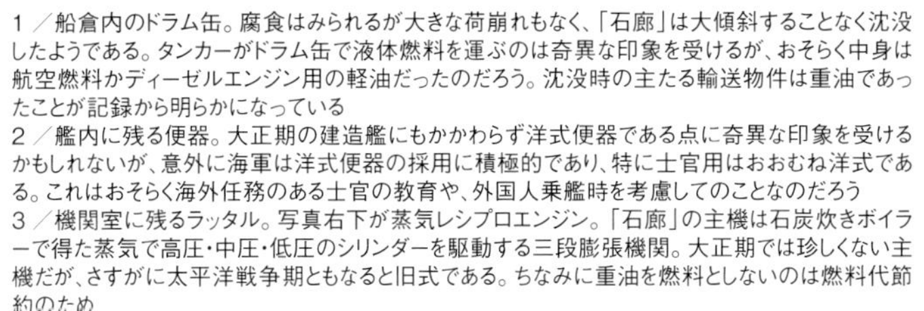

1／船倉内のドラム缶。腐食はみられるが大きな荷崩れもなく、「石廊」は大傾斜することなく沈没したようである。タンカーがドラム缶で液体燃料を運ぶのは奇異な印象を受けるが、おそらく中身は航空燃料かディーゼルエンジン用の軽油だったのだろう。沈没時の主たる輸送物件は重油であったことが記録から明らかになっている
2／艦内に残る便器。大正期の建造艦にもかかわらず洋式便器である点に奇異な印象を受けるかもしれないが、意外に海軍は洋式便器の採用に積極的であり、特に士官用はおおむね洋式である。これはおそらく海外任務のある士官の教育や、外国人乗艦時を考慮してのことなのだろう
3／機関室に残るラッタル。写真右下が蒸気レシプロエンジン。「石廊」の主機は石炭炊きボイラーで得た蒸気で高圧・中圧・低圧のシリンダーを駆動する三段膨張機関。大正期では珍しくない主機だが、さすがに太平洋戦争期ともなると旧式である。ちなみに重油を燃料としないのは燃料代節約のため

艦後部の機関室付近を甲板上から望んだショット。朽ちかけているがラッタルも残っているなど、この付近の状態はよい。甲板上から立ち上がってる柱状のものは吸気筒で、本来は写真中央に細長い煙突が見えるはずだが倒壊している。奥にかすんで見える柱状のものは縦曳き給油用のポストで、これも給油艦の特徴的な装備

貨物船

「桑港丸」

右舷の甲板上に並んだまま海没した2両の九五式軽戦車と、ほぼフレームのみとなった自動貨車。軽戦車が舷側を向いて搭載されていたのは潜水艦との遭遇時に戦車の火砲も自衛用に運用するためだろう。これは戦車部隊関係者の証言でも裏付けられ、最後の戦闘では車載機銃による対空射撃も実施されたかもしれない。中央奥右寄りに逆J字型のボート用のダビットも見える

旧式艦から転用され、船首に装備された15cm砲。この規模の火砲までは人力での揚弾や装填が可能であるため、甲板を補強して砲座を設ければ簡単に搭載できる。8インチ=20cm以上では人力での揚弾や装填に無理を生じ、砲塔形式でないと実用的な装備とならず、輸送船や特設艦艇の備砲としては採用されなかった

左舷の甲板上に残された九五式軽戦車。前ページ写真の右奥に見える車両である。甲板上の堆積物に転輪が半ば埋まっているが、車体側面のバルジや砲塔の37mm砲など、よく原形をとどめている。九五式の後方に見える構造物は崩壊したブリッジで、ウイングの一部と思われる構造が見てとれる。これは沈没時の火災か、沈没後の腐食によって崩壊したものだろう

船体中央部の機関室付近。撮影者は倒壊した煙突付近から船尾に向けてシャッターを切っている。中央で跳ね上げられて見えるのは天窓で、直下の機関室の採光や換気のためのもの。なお「桑港丸」の機関は三段膨張式の蒸気レシプロで、この当時の輸送船としてはやや旧式なものであった

貨物船

「桑港丸」

(Photo/USN)

貨物船「桑港丸」(1937年7月)

DATA

総トン数	5,863t
主要寸法	垂線間長117.35m ×最大幅13.54×吃水10.97m
主機	三連成機関 1基 1軸 4,000馬力
最大速力	14.5ノット
兵装	15cm単装砲 3基 13mm連装機銃 2基
竣工年月日	大正8(1919)年3月14日
沈没年月日	昭和19(1944)年2月18日

沈没地点

ミクロネシア・チューク州エテン島の東

水深　65m

【海底への道程】

「桑港丸」は川崎造船所で大正8(1919)年に起工され、同年3月に竣工した貨物船である。第一次世界大戦中から戦後にかけての商船需要に対応して川崎造船所が建造した「第一大福丸」級の一隻だが、このクラスは船主による発注を待たずに建造され、契約が成立すると引き渡されるストックボートとして建造されており、姉妹船は75隻にのぼる。「第一大福丸」級は日本国内のみならず、一部の船は海外の海運会社にも販売されている。

竣工後の「桑港丸」は国際汽船株式会社に購入され、同社初期の主力船となった。その後山下汽船株式会社に移籍し、日華事変勃発後に陸軍に徴用されている。

太平洋戦争開戦後の昭和17(1942)年に陸軍から解雇された直後、海軍に徴用されている。海軍では一般徴用船として扱われ、日本本土から南方各地などへの輸送に従事したが、昭和19(1944)年2月4日にトラックに入港して待機中、トラック島空襲に遭遇し、2月17日の空襲で損傷、18日に沈没した。

本船に搭載されたまま海没している戦車は九五式軽戦車で、騎兵の後身である索敵連隊用に開発された車両である。一般的な戦車として運用するには軽装甲であったが、八九式・九七式中戦車と共に戦車連隊にも広く配備され、日本軍のあるところには必ずその姿が見られた。九五式軽戦車は特に仕様を変えず海軍陸戦隊でも多数が運用されており、「桑港丸」に輸送物件として搭載されていても不自然ではない。

船倉内のいすゞ自動貨車。不鮮明だが右に見えるのは燃料補給車のようだ。写真上方のハッチは桁のみ残されているが、この当時の輸送船の船倉開口部はハッチボードを呼ばれる木製の板を並べて閉鎖するものが大半であった。車両類はしばしばハッチ上に繋止されており、火災か沈没後の腐食によってハッチボードが失われたことで、これらの車両は船倉内に落ち込んだのだろう

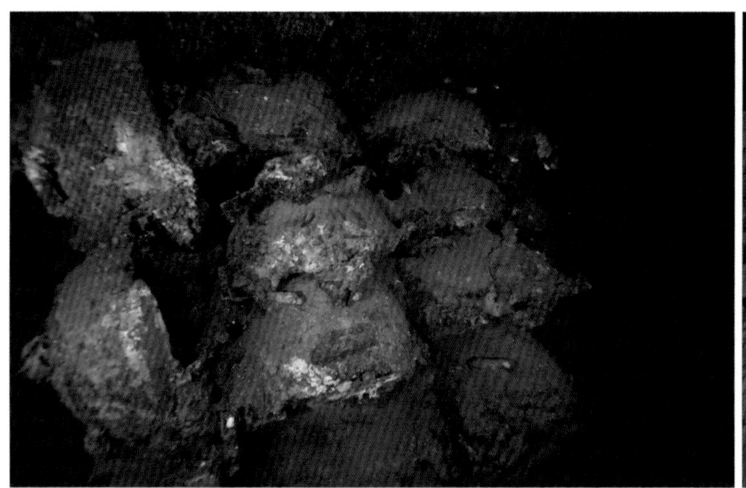

船倉内の積荷。撮影者によれば「機雷」だという。平積みされているように見えるが、本来は木箱か木製のフレームに納めされていたはずである。写真で見るかぎり半球型で比較的小型に見えることから、上陸用舟艇などを対象とした水際機雷であろう

船倉内に残る輸送物件。5連の挿弾子（クリップ）にまとめられている小銃弾、30連の保弾板にまとめられた機銃弾や、砲弾なども見える。四角く固まっているのは、木箱などのケースに収容されていた状態で海没し、固着してしまったためだろう。箱が腐食して失われた結果、写真のような光景となっている

貨物船「桑港丸」

【海底での邂逅】

「桑港丸」は〝さんふらんしすこまる〟と読む。ミクロネシア連邦・チューク州にあるエテン島（旧日本名：竹島）の東、水深約65ｍに正立状態で鎮座している。基本的に水深は水底を表記しており、実際に潜る水深は、例えば甲板上だったりするのだが、この船は甲板でも水深が48ｍなので、深場を潜るためのダイビングスキル（テクニカルダイビングなどの知識）があることが望ましい。

水深が深いということは、光が届きにくいために、船体にサンゴや付着物が少なく、船自体のフォルムや積載物をはっきりと見ることができる利点がある。船体が正立しているため、まだしっかり形状を保っている上部構造物は、往時の姿を容易に想起することができる。

この船を語る上で、最も注目すべきは、甲板上に残る九五式軽戦車ではないだろうか。実は、私が最初にチュークを訪れた際、この戦車が見てみたいとリクエストしたのだが、当時の私はダイビングスキルも未熟で、今思えば、ガイドさんをとても困らせたことだろう。右舷と左舷、双方に積載されていた戦車は数両あり、ほぼ完全な外見で今なお残っているものもある。

船内には、航空爆弾や機雷など、多くの爆薬が残され、甲板上には対空機銃の薬莢なども多数散乱している。船首に装備された15㎝砲や、積荷として船倉内部に格納されている自動貨車なども含め、武器弾薬の多さから、私の中では撮影をしていて、最も「戦争」を感じる船である。

1 ／船橋付近から艦首方向の甲板を見下ろした一枚。船橋と煙突は爆弾の命中によって崩壊しているが、船体そのものは極端に損傷しておらず、甲板上には「桑港丸」のトレードマークともいえる九五式軽戦車のシルエットも見てとれる。前後のマストも残っており、写真でもおぼろげに屹立するマストが見えている
2 ／船首に向かって見た、ぽっかりと口を開く船体中部の船倉口。その脇の甲板には13mmないしは25mm対空機銃の薬莢が散乱する。おそらく甲板上に自衛用の対空機銃座が設けられていたのだろう。「桑港丸」最後の奮戦を物語る証人である
3 ／空襲による損傷か沈没時の衝撃によるものか分からないが、後部の甲板には陥没が見られ、通風筒を備えた甲板室が両舷から倒れ込んでいる。手前の開口部は後部の船倉のようで、中には航空魚雷らしい円筒形の積荷が見えている。魚雷は重量がありサイズも大きいため、比較的小型の航空魚雷でも輸送機による空輸は困難で、もっぱら輸送船で運ばれた

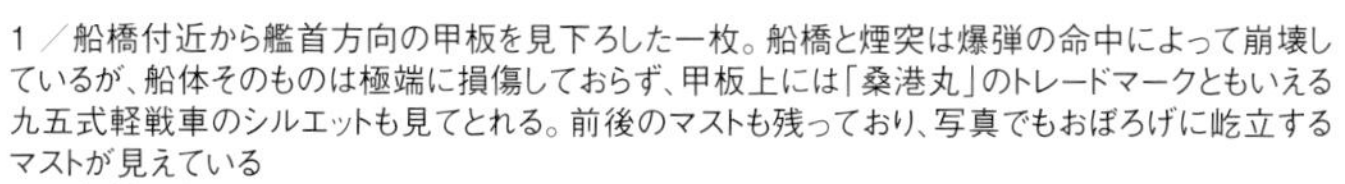

本来であれば煙突があった船体中央部付近。「桑港丸」の命取りとなった爆弾は、この周辺に命中したようだ。中央に積み上げられたように重なる鋼板は、おそらく煙突か船橋の残骸である。人為的に積み上げられたわけではなく、損傷によって倒れ込むように潰れた結果、このようになったのだろう

甲板上、写真手前左端に見える開口部が船倉口、中央部に大きく見えるのはデリック操作用のウィンチである。ウィンチの上に見える棒状のものがデリック。デリックも先端が失われているが、写真後方のポストに残されており、往時の姿をよくとどめている

船倉口から甲板上に並ぶマストやデリック、ウィンチを見る。船倉口は本来なら細長い木製の板(ハッチボード)が並べられて蓋がされているが、これは沈没時、あるいは沈没後に失われてしまったのだろう。船倉口の端の方に見える三角形のものは、デリックの支持架と推測できる

貨客船

「東海丸」

(Photo/USN)

貨客船「東海丸」(1937年)

DATA

総トン数	8,365t
主要寸法	垂線間長135.64m ×最大幅18.44m×吃水12.42
主機	ディーゼル 2基 2軸 7,200馬力
最大速力	18.32ノット
兵装	不明
竣工年月日	昭和5(1930)年7月14日
沈没年月日	昭和18(1943)年8月27日

沈没地点
グアム・アプラ湾
水深　35m

正面から見た船首先端部。付着生物は少なく、左舷を下に横たわる様子がよく分かる。船首楼甲板の後方にかすんで見えるのは、ウィンドラス(揚錨機)で、船首に向かってアンカーチェーンも残されている

【海底への道程】

「東海丸」は「畿内丸」級の二番船として昭和4(1929)年に起工され、昭和5(1930)年に竣工したニューヨーク航路向けの貨客船である。建造は三菱造船長崎造船所で、船主は大阪汽船であった。

当時の大阪商船北米貨物航路は船質の劣化もあって海外の海運会社に対して苦戦を強いられており、これを挽回するために投入されたのが、「東海丸」を含む「畿内丸」級である。本級は日本最初の本格的な高速ディーゼル貨物船であり、18ノットの速力よって従来23日間を要した横浜-ロサンゼルス間を11日半で結び、大陸横断鉄道への積み替えなく、直接生糸などの貨物をニューヨーク市場に運ぶことで大きな成功を収めた。日本商船史を画期する傑作船であると同時に、高速大型ディーゼル貨物船の時代を拓いた功労者でもあった。

ニューヨーク向け航路で華々しい成功を収めた「東海丸」であったが、太平洋戦争控えた昭和16(1941)年10月には日本海軍に徴用され、艤装を施された上で軍需品輸送のために各地を行動している。その行動範囲は広く、日本国内から東南アジア、内南洋などの日本軍各根拠地を巡っている。

昭和18(1943)年1月26日、「東海丸」はサイパン島アプラ港外で米潜水艦の雷撃を受けて損傷した。曳航による移動も米潜水艦の攻撃によって果たせず、グアム島アプラ港に係留されて修理を待っていたが、同年8月27日に米潜水艦の魚雷1本が命中し、船尾から沈没した。

船橋部分はよく原型をとどめており、ボート甲板（板張りの床が抜けて簀の子上になっている）にはボートダビットの一部も残っている。船橋に隣接して見える太い柱はデリックポストで、艦橋前面のものだろう

船橋部のボート甲板付近から煙突を見る。煙突の破損部分から見える内部の円筒状のものは消音器だろう。本船はディーゼル船なので、煙突は排気管や消音器のカバー、あるいはデザイン的な意味が強い。煙突の前後には探照灯座が設けられていたと思われるが、沈没時に崩壊したのか写真では確認できない

舷側から短艇甲板を見上げるように見る。この付近にあった煙突が倒壊して見えないこと以外は、全体に状態はよく見えるが、床や天井は抜けてしまっている。これは金属のフレームに木製の床板を張っているために、火災や腐食によって木部が失われた結果。沈没船では多く見られる状態である

貨客船「東海丸」

【海底での邂逅】

本書で紹介しているトラック島（チューク）、ガダルカナル島（ソロモン諸島）などは、簡単に旅行で行けるような場所ではなく、戦史を知っている者ならまだしも、一般的にあまり知られていない。

しかし、グアムという場所は、老若男女、誰でも知っていると言っても過言ではないほど日本人に人気の観光エリアだが、太平洋戦争開戦とともに日本軍が占領し、改名して「大宮島（偉大なる神のいる島）」と呼ばれていたことは、今やほとんど知られてないだろう。そしてここグアムにも複数の日本のレック（沈没船）が眠っているのである。

「東海丸」はアプラ湾の水深35ｍ、船体は左舷を下にした横倒しの状態で眠っており、非常にきれいな状態で残っている。

全長１４０ｍ近い大きさを誇る「東海丸」は船橋部分などに往時の姿をよくとどめており、小口径らしき砲を装備していたとおぼしき砲座も船首には残っている。ペネトレーション（船内探索）なども可能で、船内ではトイレやキッチンなど、当時の船内の姿などを見ることができる。

グアムのレック（沈没船）取材でいつもお世話になるダイビングショップ・アクアアカデミーの岡宏之氏に話を聞くと、岡氏が潜る際には当時の景色を想像するという。

目の前にあるものだけでなく、この船の辿って来た歴史などを踏まえて想像して潜ると、また違ったダイビングになるのではないだろうか。

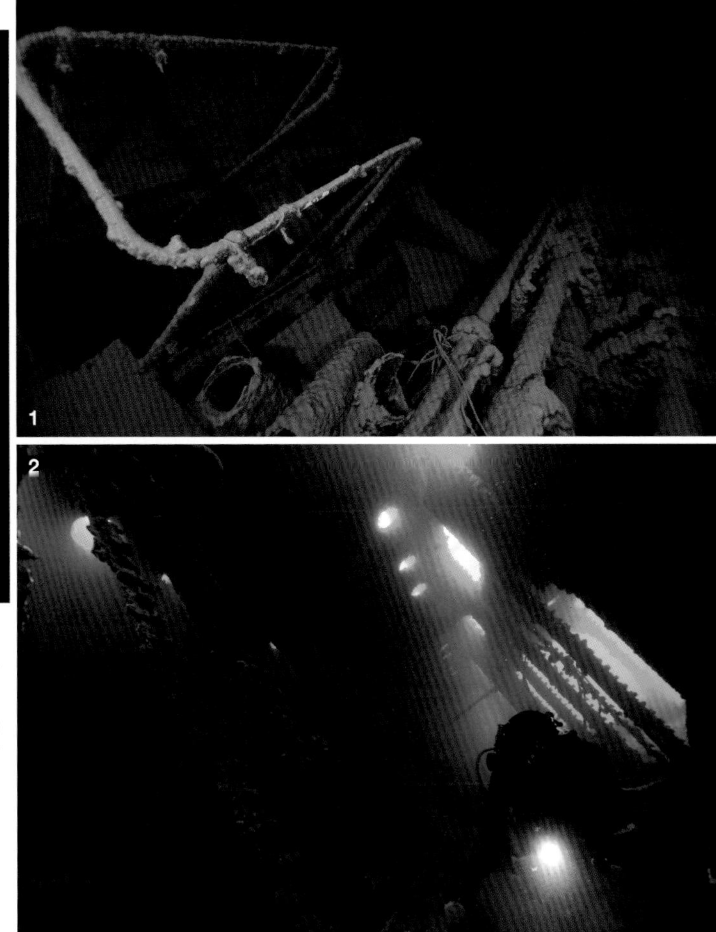

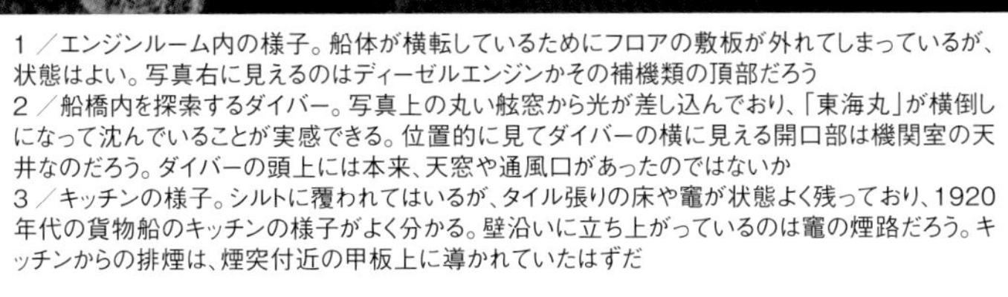

1／エンジンルーム内の様子。船体が横転しているためにフロアの敷板が外れてしまっているが、状態はよい。写真右に見えるのはディーゼルエンジンかその補機類の頂部だろう
2／船橋内を探索するダイバー。写真上の丸い舷窓から光が差し込んでおり、「東海丸」が横倒しになって沈んでいることが実感できる。位置的に見てダイバーの横に見える開口部は機関室の天井なのだろう。ダイバーの頭上には本来、天窓や通風口があったのではないか
3／キッチンの様子。シルトに覆われてはいるが、タイル張りの床や竈が状態よく残っており、1920年代の貨物船のキッチンの様子がよく分かる。壁沿いに立ち上がっているのは竈の煙路だろう。キッチンからの排煙は、煙突付近の甲板上に導かれていたはずだ

船倉から見上げた船首の砲座。「東海丸」の搭載火砲については明確な記録が見出せなかったが、写真でみるかぎり小口径の高角砲か15cm以下の平射火砲であろう。砲は失われているが、砲座のフレームはきれいに残っている。フレームの間は木の板が敷かれていたはずだが、これは長い年月で腐食して失われてしまっている

特設運送艦

「愛國丸」

「愛國丸」の艦首の砲座と12セcm高角砲を見る。特設巡洋艦時代は15cm砲（後に14cm砲）が装備されていたが、特設運送艦へ転籍時に砲座はそのままに砲だけが高角砲に改装された。砲の規模の割に砲座の操砲スペースが広いのはそのためである。なお写真中央に見えているのはデリックで、砲ではない

後部甲板上から船首方向を見る。船倉口の先の一段高く見える部分が船体中央の構造物で船室やブリッジのあった部分。ダイバーの向こうに霞んで見える高い構造物は探照灯台かもしれない

船尾付近の全景を上から見る。高角砲の搭載された船尾の構造物は「ドッキング・ブリッジ」とも称される形式。名称の由来は、ドック入りの時に船尾に設けられたウイングで指揮をとるための場所だからである。現代の客船では見られなくなったデザインだが、この当時の商船では普通に見られるものだった

仄暗い海中に屹立する門型ポスト。ダイバーとの対比から1万トン級貨客船としての「愛国丸」の威容がしのばれる。デリックポストは、文字通りに荷役用のデリックの支柱であるが、同時に商船デザインの大きな要素でもあり、独特の美観を構成するようにデザインが配慮されていた

特設運送艦

「愛國丸」

(資料提供／大和ミュージアム)

特設運送艦「愛国丸」(1942年 特設巡洋艦時代)

DATA

総トン数	10,437t
主要寸法	垂線間長152.25m ×最大幅20.2m×吃水8.8m
主機	ディーゼル 2基 2軸 13,000馬力(定格)
最大速力	19.2ノット
兵装	12cm高角砲 2基 25mm連装機銃 4基
竣工年月日	昭和16(1941)年8月31日
沈没年月日	昭和19(1944)年2月17日

沈没地点

ミクロネシア・チューク州トノアス島の東

水深　65m

【海底への道程】

「愛國丸」は大阪商船が南アフリカ航路向けに建造した「報國丸」級貨客船の二番船であり、昭和13（1938）年に起工され、昭和15（1940）年6月に竣工している。しかし有事の徴用を前提に優秀船舶建造助成施設を受けており、一度も商業航海を行うことなく海軍に徴用され、特設巡洋艦に改装された。改装内容は、15㎝砲や53㎝連装魚雷発射管、索敵用の水上偵察機の搭載などが主である。

太平洋戦争開戦時は姉妹艦の「報國丸」と第二四戦隊を編成、南太平洋方面での通商破壊作戦を実施し、商船2隻撃沈の戦果を挙げたが、その後、第二四戦隊は解散され、「愛國丸」と「報國丸」は第六艦隊第八潜水戦隊付属となった。この際に主砲は14㎝砲に換装され、潜水艦への補給能力も追加された。

改装を終えた「愛國丸」はインド洋方面に出動、潜水艦への補給と同時に通商破壊戦を実施し、連合国商船2隻を拿捕する戦果を挙げた。しかし、昭和17（1942）年11月11日、連合国商船と掃海艇との交戦で、僚艦の「報國丸」は失われている。

昭和18（1943）年10月に特設運送艦籍に転じた「愛國丸」は、エニウェトク環礁への兵員、装備の輸送任務にあたったが、途中で行き先が変更、トラック泊地にとどまっていたところ、昭和19（1944）年2月17日のトラック島空襲に遭遇。船体前部に爆弾の直撃を受け、搭載していたダイナマイトが誘爆して沈没した。現在は沈没した船体の甲板上に記念碑が設置されている。

船体中央部ボートデッキの後端部分に装備された25mm連装機銃。写真は右舷側の機銃で、機銃越しに船尾方向を写している。最終時の「愛國丸」は25mm連装機銃を4基搭載したとされる。特設艦艇の対空兵装としては貧弱なものではなかったが、米艦載機の大規模な空襲の前には無力だった

甲板には本来美観や甲板歩行時の疲労を防ぐために鋼板の上に木板が張られていたはずだが、腐食して失われている。二つ並んでいる開口部のうち、左側の階段の見えるものは本来の昇降口と思われるが、右側のものは沈没した船内から積荷や遺骨を回収するために開けられたものかもしれない

船体中央部に残された25mm連装機銃と探照灯台。写真から判断するに探照灯台は右舷側にオフセットされており、探照灯台と同じ甲板の首尾線上ないし左舷側に25mm機銃を装備したらしい。これは従来信じられていた「愛國丸」の兵装配置とはやや異なっており興味深い

【海底での邂逅】

ミクロネシア連邦・チューク州。トノアス島（旧日本名：夏島）の東、水深約65mに特設運送艦「愛國丸」は眠っている。

南アフリカ航路向けの新鋭貨客船として建造された優秀船であり、戦争前半はインド洋で仮装巡洋艦として活動していたことからも、その性能が高く評価されていたことが分かる。

現在の「愛國丸」は、沈没時に前部船倉に搭載していた魚雷や爆弾が誘爆したため、船首側半分は大破しており、元の形も分からないような状態となっている。

しかし船体の中央構造物後部両舷には対空機銃が残されており、特徴的な門型ポストもいまだ堂々と屹立している。またペネトレーション（船内探索）をしてみると、船内には洗面所、風呂、トイレなどがあり、洗面所にはまだ鏡も残っているなど、往時の船内の様子がよく分かる。

この「愛國丸」も「富士川丸」（120ページ参照）と同様に、甲板にメモリアルプレートが置かれている。しかし、本船の沈んでいる深さは、特別なトレーニング（テクニカルダイビング）のスキルを取得したダイバーのみに許される水深であり、アプローチは容易ではないだろう。

また、船内にはいまだ多くのご遺骨が残る船でもある。その深さゆえに遺骨収集も難しく、持ち出すことも固く禁止されている。

この船に潜るたびにお会いする、日本から遥か彼方の南洋の海中で祖国を想い散華されたご英霊に、毎回そっと手を合わせ、哀悼の誠を捧げている。

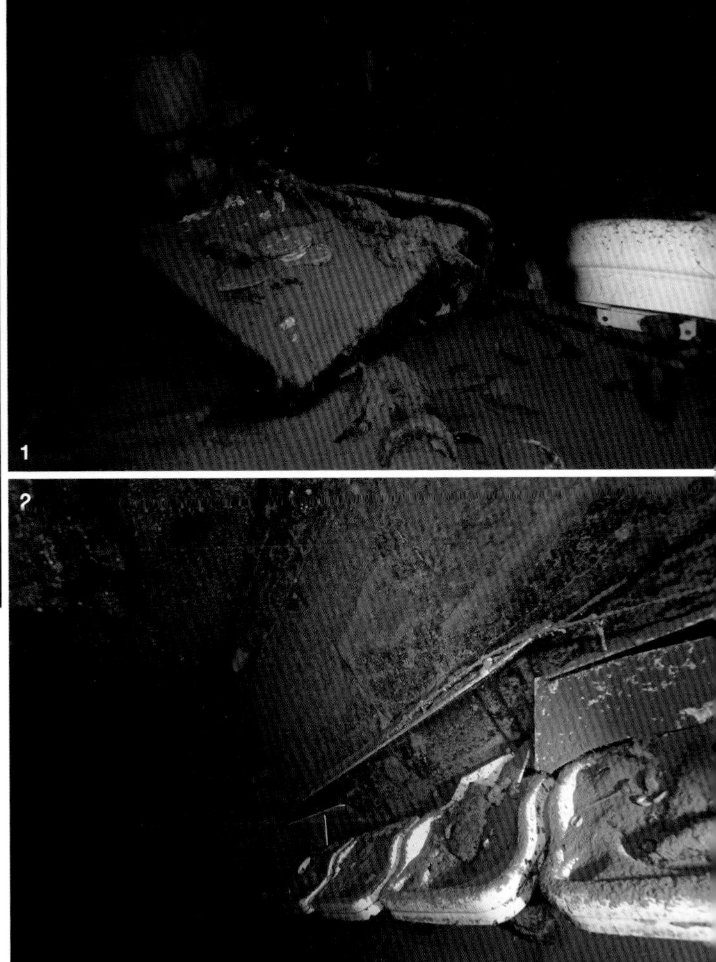

1／船内の様子。床がシルトに覆われており判然としないが、陶製の機材が見えるので、水回りを扱う場所、おそらくキッチンか洗濯室なのではないかと推定する。奥に見えるテーブル状のものはコンロかなにかで、壁に見える配管は水か汎用蒸気を取り回すものかもしれない
2／船内の洗面所。広い板状の大きな鏡の前に、洗面台が複数並んでいる。写真左手奥に見える白い円筒状のものは電灯の樹脂製のカバーかもしれない。特設巡洋艦としてインド洋で通商破壊活動に従事した「愛國丸」だが、船内は貨客船として建造された面影が残っていたようだ
3／船尾構造物脇の通路。天井はフレームしか残っていないが、この部分は本来板張りであり、沈没後に木部が腐食して失われてしまったのだろう。左手舷側のブルワーク下には甲板上に海水が滞留しないためのウォッシュポートが見えるが、この配置や形状には建造会社は運航会社ごとに個性があった

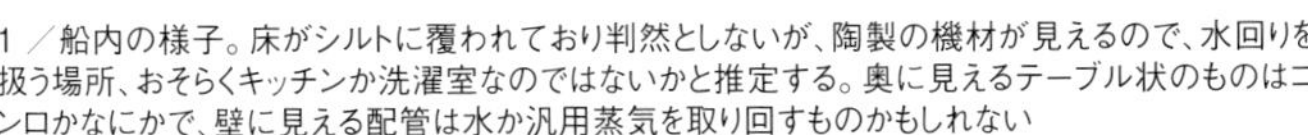

船体中央構造物後端付近を横から見る。ダイバーの左手側が船首方向と思われるが、「愛國丸」は煙突前方が爆弾の命中と積荷の誘爆によって全壊しており原型をとどめていない。ボートデッキから上の階層も写真の印象では相当にダメージを受けているように見えるが、これが爆弾の命中によるものか、誘爆によるものかは判別できない

間近から見上げるブリッジは廃墟のような趣がある。大正中期に竣工した「長野丸」のブリッジは、「富士川丸」など昭和期に竣工した船舶と比較すると、ややクラシカルな印象。写真左端に見えるラッタルや扉など、保存状態は総じてよく、大正期の船舶のディティールを知る参考となるだろう

ブリッジ前の倉口の端に引っかかっているアンカー。船首の主錨にしては位置が不自然なので、甲板上かブリッジ周辺にあった副錨が沈没時にこの位置に移動したと考えるのが自然かもしれない。船倉内にダイバーのライトで照らされたドラム缶が見える

貨物船

「長野丸」

貨物船「長野丸」

（出典／三菱造船株式会社『商船建造の歩み』）

DATA

総トン数	3,792t
主要寸法	垂線間長105.16m ×最大幅15.24m×吃水7.3m
主　　機	三連成機関 1基 1軸 2,899馬力
最大速力	11ノット
兵　　装	不明
竣工年月日	大正6（1917）年5月21日
沈没年月日	昭和19（1944）年2月17日

沈没地点

ミクロネシア・チューク州トノアス島の東

水深　65m

甲板からブリッジを見上げる。ブリッジはよく原形をとどめているが、それだけに幽霊船のような印象も受ける。ダイバーの足下の開口部は第二船倉の倉口。ぽっかりと口をあけているのは、木製のハッチボードが沈没時に外れたか、腐食して失われたかしたため

【海底への道程】

「長野丸」は「秋田丸」級貨物船の六番船として大正5(1916)年に三菱造船長崎造船所で起工され、翌大正6(1917)年に竣工した貨物船である。「秋田丸」級は第一次世界大戦による船舶不足に対応して三菱造船長崎造船所で設計されたストックボートで、三菱神戸造船や藤永田造船所、横浜船渠、三井物産玉造造船所でも姉妹船、準姉妹船が建造された。

「長野丸」の船主は日本郵船であり、姉妹船の「秋田丸」と共に主にオーストラリア・ニュージーランド航路で運航されていたが、旧式化もあって昭和6(1931)年に近海郵船に売却されている。近海郵船は日本郵船の近海航路部門を独立させた会社であるが、昭和14(1939)年には日本郵船と再び合併しており、「長野丸」も日本郵船の所属に戻った。

「長野丸」は日華事変勃発後の昭和12(1937)年に日本陸軍に徴用され、その後も徴用と解雇と繰り返している。太平洋戦争でも陸軍徴用船として活動しており、昭和18(1943)年8月の第7次ウエワク輸送作戦では米陸軍航空隊の空襲を受け機関が故障、機帆船の曳航によってホーランジアに退避している。この作戦では僚船の「長門丸」が直撃弾により炎上沈没、「亜丁丸」も直撃弾を受けたが、不発弾のために沈没を免れている。

その後、トラック島を根拠地にモートロック諸島サワタン環礁の陸海軍守備隊への補給などに従事したが、昭和19(1944)年2月17日のトラック島空襲で爆弾を受けて沈没した。

ブリッジ側、第二船倉付近の甲板上から船首方向を見た一枚。画面左に見える棒状のものは、おそらくは定位置から外れたデリックだろう。画面手前には蒸気ウィンチ、甲板上には動力用の蒸気管らしきものも見える

ボートデッキ付近。舷側外側を向いて湾曲しているのはボートダビット。床が腐って抜け、フレームのみが残っている部分はかつてボート甲板で救命艇が置かれていたはずだ。手前の細長く突き出したパイプ状のものは吸気筒かキッチンの煙突だろう。写真中央、跳ね上げられて開いている天窓も分かる

第一船倉付近から船首方向を写した一枚。手すりや階段なども原形をとどめている。甲板上に見える穴の開いた構造物の正体は、折れた前部マスト上部のようだ。沈没時の損傷か、沈没後の腐食、あるいは波浪の影響などによって中断から折れて甲板上に倒れ込み、その一部が見えているのだろう

貨物船「長野丸」

【海底での邂逅】

ミクロネシア連邦・チューク州に眠る「長野丸」は、日本郵船から陸軍に徴用され、各地への輸送任務に活躍したという中型貨客船だ。昭和19（1944）年2月17日から18日にかけてのトラック空襲に遭遇、空母エセックス艦載機の攻撃を受けて18日にこの地に眠ることになった。

沈没地点はトノアス島（旧日本名：夏島）の東、水深は65ｍと、チュークではかなり深い部類に入る。これはチュークのレック（沈没船）全般にいえることではあるが、水深が深くなれば深くなるほど地上からの光が届き難くなり、珊瑚などが付かずにより船体がはっきりと見れる。水深65ｍとなると、ごく一般のダイビングの装備や知識で潜ることは非現実的である。このポイントを潜るためには、テクニカルダイビングと呼ばれる技術と装備が必要となる。

しかし、本船はおそらくチュークの艦船の中でも最もきれいな状態で残っている船首をはじめ、見所の多い船であるといえる。崩れることなく残る船橋や、船首の錨甲板、ボートデッキなど、外観はまだまだ往時の姿をとどめている。

船内には、船橋前の船倉にトラックやトラクターが積載されており、その保存状態はチュークのレックの中でも特筆すべきものである。

なかなか潜るのが難しいポイントではあるが、もしこれを読んでくださっているあなたに実際に本船を見てみたいという願望があるのであれば、ぜひ挑戦してもらいたいと思う。

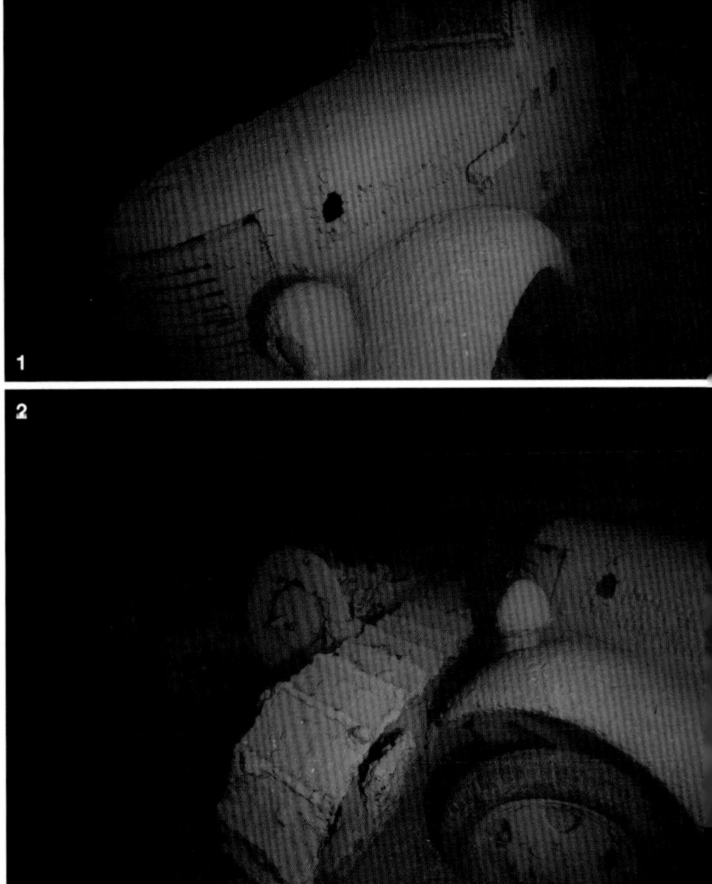

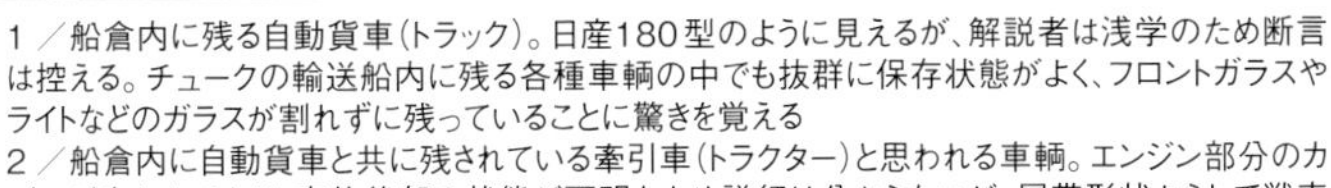

1 ／船倉内に残る自動貨車(トラック)。日産180型のように見えるが、解説者は浅学のため断言は控える。チュークの輸送船内に残る各種車輌の中でも抜群に保存状態がよく、フロントガラスやライトなどのガラスが割れずに残っていることに驚きを覚える
2 ／船倉内に自動貨車と共に残されている牽引車(トラクター)と思われる車輌。エンジン部分のカバーが失われており、車体後部の状態が不明なため詳細は分からないが、履帯形状からして戦車などの戦闘車両とは思えない。施設部隊や砲兵等の装備として輸送中に遭難したものと推測する
3 ／ボートデッキ下の通路。船室の窓は舷窓とは異なり四角形の引き窓のようで、その先には開きっぱなしで時を止めたドアも見える。若干の付着生物やシルトの堆積もあるが、この部分も比較的よく原形を留めており往時の光景を想像することができる

艦首先端部。ウィンドラス(揚錨機)はかなりよく原形をとどめている。驚くべきことに、舷側の手すりの支柱のような細いものまで、それと分かるかたちで残っている。水深が深いため付着生物や風浪の影響が少ないことが良好な保存状態に影響しているのだろう

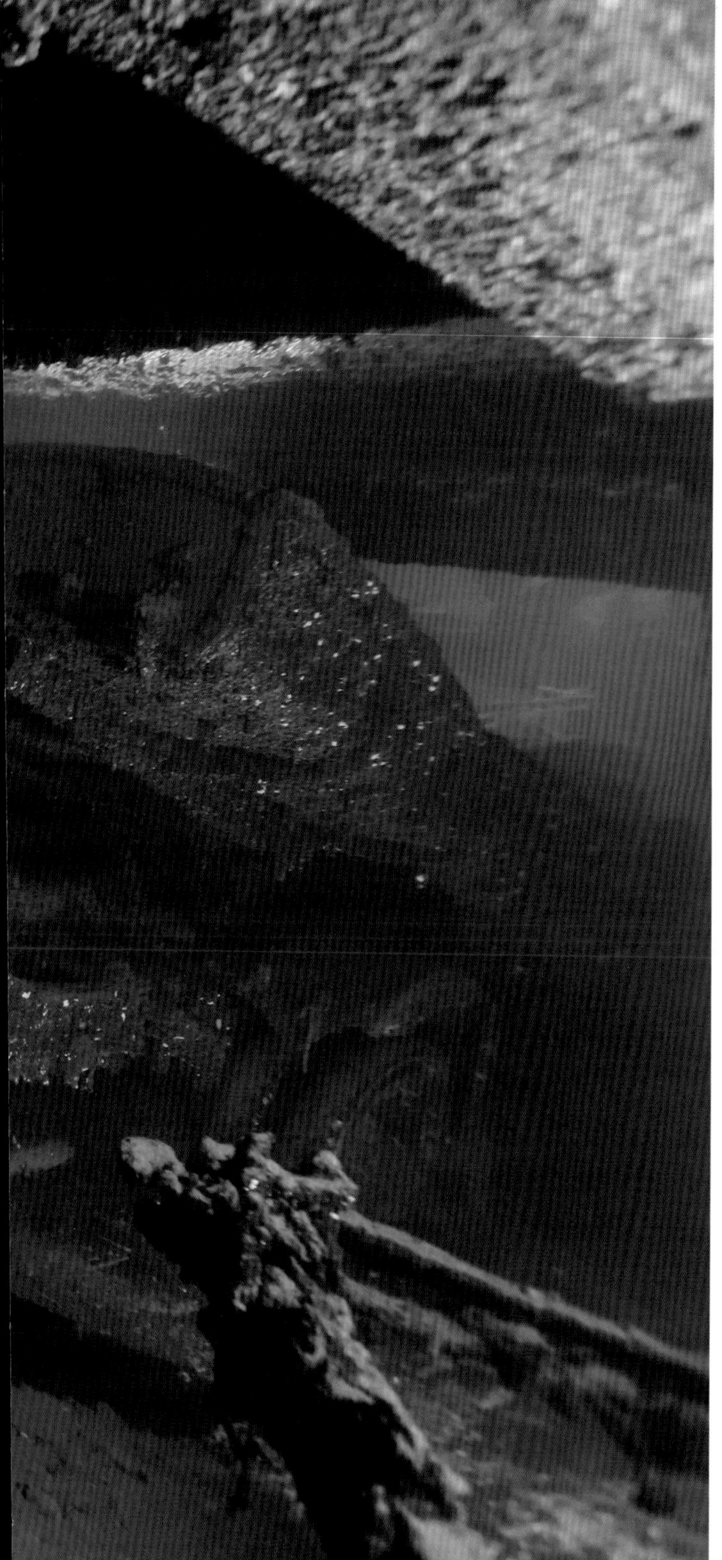

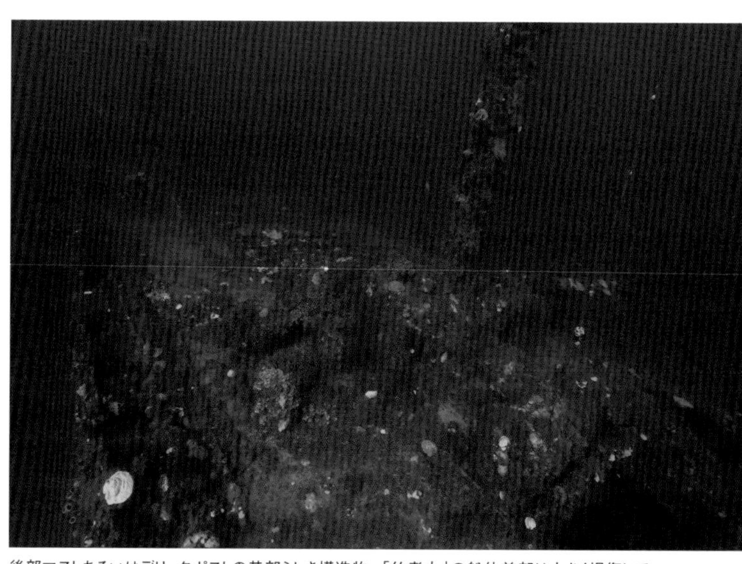

後部マストあるいはデリックポストの基部らしき構造物。「伯耆丸」の船体前部は大きく損傷しているので、いずれにせよ船体後部であることは間違いない。写真の右隅に船倉口が見えている

船倉内に眠る設営隊の車両群。中央に見えるのは「均土機」と称されたブルドーザーで、奥に見えるのは「締固め用機械」ことロードローラー。タンデム式かマカダム式のようだが、いずれも1930年代に国産化されている

特設運送船

「伯耆丸」

特設運送船「伯耆丸」（貨物船「ハウラキ」時代）

（Photo/National Library of New Zealand）

DATA

総トン数	7,112t
主要寸法	垂線間長137.16m ×最大幅17.68m×吃水9.57m
主機	ディーゼル 2基 2軸 4,660馬力
最大速力	16ノット
兵装	不明
竣工年月日	大正11（1922）年5月13日
沈没年月日	昭和19（1944）年2月○日

沈没地点

ミクロネシア・チューク州エテン島の東

水深　53m

【海底への道程】

「伯耆丸」は貨物船「ハウラキ」の後身である。「ハウラキ」はニュージーランドのユニオン蒸気汽船を船主として大正11(1922)年に竣工した貨客船だった。

昭和15(1940)年に英国軍事輸送省に徴用され、輸送船として運用されていた「ハウラキ」だが、太平洋戦争下の昭和17(1942)年2月にセイロン島付近で日本海軍の特設巡洋艦「報國丸」に拿捕(「報國丸」の僚艦の「愛國丸」は直接「ハウラキ」の拿捕には関わっていないようである)された。ペナンに回航された後に「伯耆丸」と改名されているが、この船名は「ハウラキ」に似た音を当てたものであろう。なお「ハウラキ」はニュージーランドの景勝地で、現在ではヨットレースの盛んなことで知られている。

「伯耆丸」の運航は三井船舶株式会社に委託され、ペナンからサイゴンを経由して日本に回航されているが、その後に日本海軍に徴用されている。なお昭和18(1943)年には横須賀捕獲審検所において船体・搭載物資共に正式に「捕獲」の判決が出ており、「ハウラキ」は法的に問題なく日本船として扱うことができるようになっている。

法的な手続きと並行し、特設運送船としての艤装を実施した「伯耆丸」は、昭和18年月以降、主に日本国内や日本-大連間での輸送にあたっていた。

いかし輸送任務のために横須賀からトラックに移動した昭和19(1944)年2月、トラック島空襲に遭遇し、夏島(現デュプロン島)付近で、縁のある「愛國丸」と共に沈没した。

船体中央部の甲板上の様子。霞んで見えているのは後部のマストかデリックポストである。手前に倒れ込んでいるのは、デリックかマストの一部と思われる

船倉の一角では、シルトに覆われた装軌式のトラクターも確認できる。人力頼みで、モッコと鶴嘴で飛行場や陣地を設営していたという印象が強い日本軍の設営隊だが、戦争後半になると相応に機械化され、各種車両を装備した部隊も少なくない

後部船倉の脇に立つデリックポスト。その基部にはデリックブームが残っていることが確認できる。魚の群れの下に見えるのが船倉口で、その中に設営隊の車両群や補給物資が眠っている

【海底での邂逅】

「伯耆丸」は、エテン島（旧日本名：竹島）の東、水深53ｍに船首側の半分が大破した状態で眠っている特設運送船だ。大破している船首側はよい漁礁となっており、魚が多く、カメなども泳いでいた。瓦礫の中にも美しい光景が広がっている。

本船のポイントとなるのが、マストのすぐ後方の船倉だ。状態のよいブルドーザー、ロードローラーや、トラックなどがあり、「伯耆丸」のシンボル的な場所である。しかし、最近、それらの一部が崩落したとの話が現地より寄せられており、現在の状態が非常に気になるところだ。

「伯耆丸」など深場を撮影する際には、ガス（ダイバーが呼吸をするために持ち込むシリンダー［タンク］に詰められている圧縮空気のこと）の残量など、活動時間を制限するさまざまな要因があるので、それを考慮する必要がある。制限時間は水深によって異なるが、最深部で約15～20分前後の計画を立てている。深い場所を潜る知識がなかった最初の頃は、5分程度の短時間で撮影をしていたものだ。

さらに天井のある閉鎖環境内での撮影は、パーコレーションといってダイバーの吐く息が天井に当たることにより、付着物が落下して水中を舞うことで視界がなくなる危険性もあり、細心の注意が必要である。もちろん視界が悪くなることにより、浮遊物が映り込むなど、撮影にも多大なる影響を及ぼす。こうしたことから、できる限り短時間で撮影を済ませることが望ましい。

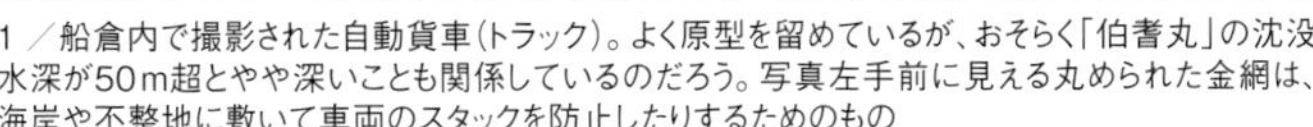

1／船倉内で撮影された自動貨車(トラック)。よく原型を留めているが、おそらく「伯耆丸」の沈没水深が50m超とやや深いことも関係しているのだろう。写真左手前に見える丸められた金網は、海岸や不整地に敷いて車両のスタックを防止したりするためのもの
2／船倉内に並ぶ航空爆弾。爆弾類は炸薬が肥料に転用できるため、しばしば住民によって引き揚げられたりするが、水深のためか手つかずのまま残っている。無造作に転がっているように見えるが、写真に見える3個の爆弾は互い違いに整列しているので、木枠か木箱に収容された状態で船倉にきれいに並べられていたのだろう
3／船首部分は大破しているという「伯耆丸」だが、後部はかなり状態がよく、甲板上のレイアウトやデリックポストの配置もよく分かる。デリックポストから船倉に沿うように倒れこんでいる棒状のものがデリックブーム。デリックポストの基部に見える付着生物に覆われた塊上のものはデリック操作用のウィンチだろう

船倉口の直下、差し込む陽光の中に眠る均土機(ブルドーザー)。ドーザープレートの操作を油圧アームで行う構造から、小松1型均土機(コマツブルドーザG40)だろう。この車両は海軍設営隊用に150 両以上が生産され、機械遺産の認定を受けた一両が国内に現存している。その左奥にはフレームのみとなった自動貨車、右端に後部のみ見えるのは締固め用機械(ロードローラー)である

貨物船
「鬼怒川丸」

貨物船「鬼怒川丸」(1943-44年頃)

(Photo/USN)

DATA

総トン数	6,938t
主要寸法	垂線間長132.59m ×最大幅17.83m×吃水10.1m
主機	ディーゼル 1基 1軸 4,000馬力
最大速力	16.39ノット
兵装	75mm高射砲 4基 20mm機関砲 2基
竣工年月日	昭和13(1938)年11月30日
沈没年月日	昭和17(1942)年11月15日

沈没地点

ソロモン諸島・ガダルカナル島ボネギビーチ

水深　28m

ビーチから見える「鬼怒川丸」の船体の一部。7千総トン弱の輸送船が、この下に沈んでいると言われても、なかなかイメージするのは難しいだろう。写真左側が船首方向で、海岸線に対して船体は斜めを向いて沈んでいる

水面にも出てしまっている、大きな構造物は主機であるディーゼルエンジンであろう。補機類は失われているが、エンジンブロックそのものは原型をとどめているように見える。現在の舶用ディーゼルに比べれば小さいが、それでも大きく重いディーゼルエンジンは機関室周辺が崩壊しても、流されたりすることなく、そのままこの場所にとどまり続けたと推測する

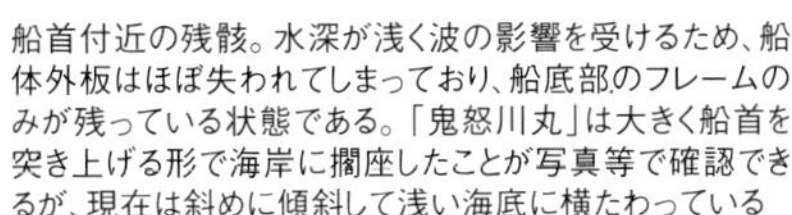

船首付近の残骸。水深が浅く波の影響を受けるため、船体外板はほぼ失われてしまっており、船底部のフレームのみが残っている状態である。「鬼怒川丸」は大きく船首を突き上げる形で海岸に擱座したことが写真等で確認できるが、現在は斜めに傾斜して浅い海底に横たわっている

【海底への道程】

「鬼怒川丸」は東洋海運が保有した「富士川丸」級貨物船の一隻である。昭和13（1938）年3月に起工され、同年11月末に竣工している。「〇〇川丸」という船名は東洋海運保有船に共通するもので、「富士川丸」級の姉妹船でも、他社保有の「昭浦丸」「和浦丸」は「川」がつかない。

昭和13年末に竣工した「鬼怒川丸」は、しばらくの間、商業航海に従事していたが、開戦を控えた昭和16（1941）年11月に日本陸軍に徴用されている。ちなみに姉妹船の「昭浦丸」「和浦丸」は「鬼怒川丸」と同様に陸軍に徴用され、輸送船として運用された。なおネームシップの「富士川丸」は海軍に徴用され特設航空機運搬艦となっている（本書120ページ参照）。

陸軍に徴用された「鬼怒川丸」は広島県宇品の陸軍運輸部で軍隊輸送船として改装された。宇品の運輸部には平時から戦時に徴用輸送船を軍隊輸送に用いるための資材がストックされており、1週間程度で設備を整えることができた。改装を終えた「鬼怒川丸」は海南島の三亜に移動、開戦劈頭のマレー半島への上陸作戦に参加している。その後はインドネシア方面への上陸作戦や南方占領地間や本土との輸送に従事した。

昭和17（1942）年9月にラバウルに移動、同年11月14日にガダルカナル島への第二次強行輸送船団の一隻としてショートランドを出撃した。15日、ガダルカナル島タサファロング岬付近への擱座に成功して兵員と物資を揚陸するが、米軍機の空襲で大破、放棄された。

船尾は大きく傾いて横倒しとなっているようだ。ダイバーの下に見えるのが舵ではないかと思われる。左手に見えるのが船体の船底部だろう。「鬼怒川丸」は当時としては割合に大型の優秀貨物船であったが、ダイバーとの対比でも、その大きさが見てとれる

海底に横たわる「鬼怒川丸」の マスト上部。意外と原形をとどめている印象だが、もともとは水面上にあって、船体が崩壊したときに海底に横倒しとなったのだろう。左側がマスト上部である。門型のデリックポストも備えていたはずだが、これは見当たらない

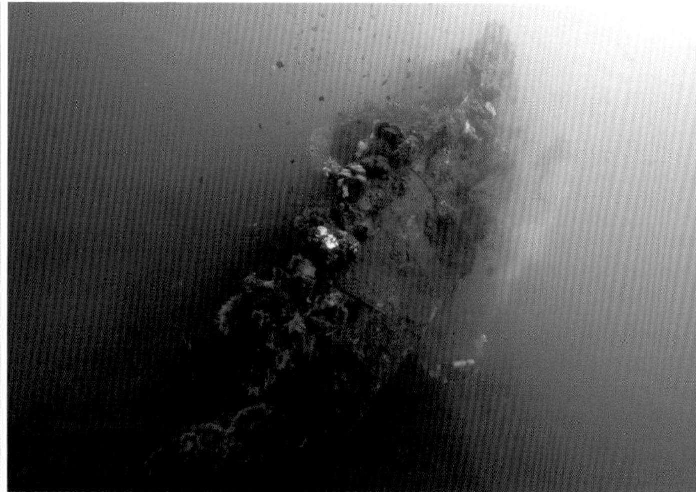

船尾はある程度水深があるために形が残っている。写真は船尾を真後ろから撮影したもの。大きく右に傾いているが、当時の商船らしいカウンタースタンの船尾形状が確認できる。画面右下、ダイバーの付近に見えるのが舵であろう

貨物船「鬼怒川丸」

【海底での邂逅】

ソロモン諸島・ガダルカナル島に眠る輸送船「鬼怒川丸」。拠点となるガダルカナル島の首都、ホニアラの中心街から車で数十分。ボネギと呼ばれるビーチに擱座した本船は、現在はわずかに船体の一部が水面に露出している状態で、ごく浅い海面下に眠っている。ビーチの目と鼻の先にあることから、スノーケルでもアプローチをすることが可能だ。

強行揚陸を行いビーチに擱座した状態で撮影された当時の写真を見ると、船首にはっきりと「鬼怒川丸」と書かれ、船体の半分を水面に露出して、かつては堂々たる威容を見せていたことが分かる。それから75年。長い年月を経て、自然は無情にも水面に出ていた船体のほとんどを破壊してしまっている。その事実に、時の流れを感じずにはいられない。

海中の船の様子も同様で、船の骨組みや鉄板などが散乱しているような状態となっている。しかし、水深の浅い船首方面から、船尾方面へと向かうと一気に水深が落ち、ボトムは28mにもなる。そこまで行くと、船尾が横倒しのような形になっており、舵らしきものも見られ、往時の本船を想起できる光景に出会うことができる。

ガダルカナル攻防戦の最中、死線を潜り抜けてこの地に辿り着き、今では熱帯魚の住処となっている「鬼怒川丸」。現地では、「鬼怒川丸」のポイントのことを、ビーチから名前をとり、ボネギⅡと呼んでいる。すぐ側のボネギⅠと呼ばれるポイントには、同じく輸送船の「宏川丸」も眠っている。

1／ほぼ真横から見た「鬼怒川丸」の船尾。右舷側の外板は大きく損傷しているが、それでも全体としては形状を保っている。中央に見えるのは、乗船していた船舶砲兵の装備である八八式7糎半高射砲だろう
2／海底に折り重なる船体外板。板同士を重ねた接合部が確認できるので外板と知れるが、どこの部分かは分からない。撮影者によれば波の影響を受けて、鉄の外壁がペラペラと動いていていたという。いずれこれも細かく崩れてゆくのかもしれない
3／船尾から船首方面を見る。といっても艦上構造物はあらかた崩壊しているため、正確な撮影位置は不明である。前方にかすんで見える柱状のものが後部のデリックポストであるとすれば、その前後に船倉があったはずである

海底に埋もれる「鬼怒川丸」の残骸。窓枠状の開口部から船橋上部が崩壊して海底に埋もれているようにも見えるが、開口部のパターンが写真などとは異なっており、実際には船体のバルクヘッド（隔壁）に波浪等で穴が開き、そのように見えるのだろう

特設航空機運搬船

「富士川丸」

特設航空機運搬船「富士川丸」(貨物船時代)
(出典/三菱造船株式会社『商船建造の歩み』)

DATA

総トン数	6,938t
主要寸法	垂線間長132.59m ×最大幅17.83m×10.01m
主機	ディーゼル 1基 1軸 4,000馬力
最大速力	16.37ノット
兵装	15cm単装砲 2基 13mm連装機銃 2基 7.7mm機銃 2基
竣工年月日	昭和13(1938)年7月1日
沈没年月日	昭和19(1944)年2月17日

沈没位置
ミクロネシア・チューク州エテン島の南
水深　35m

「富士川丸」はチュークを代表する人気のダイビングスポットでもあるため、船体中央部の甲板上には記念碑なども設置されている。写真中央、ダイバーの前に見えるものがそれで、トラック島空襲50周年の記念碑などが並ぶ

主砲は1899年にElswick Ordnance Company で製造されたアームストロング社製40口径6インチ（約15cm）速射砲であるといわれている。「富士川丸」には15cm砲が2 門装備されていた

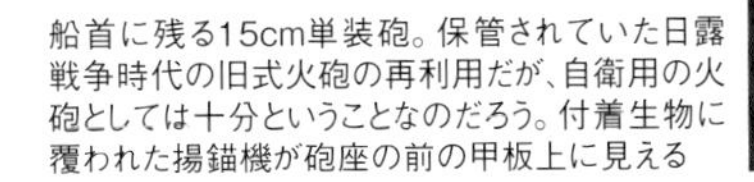

船首に残る15cm単装砲。保管されていた日露戦争時代の旧式火砲の再利用だが、自衛用の火砲としては十分ということなのだろう。付着生物に覆われた揚錨機が砲座の前の甲板上に見える

【海底への道程】

「富士川丸」は東洋海運の北米航路向け貨物船として、昭和12（1937）年に三菱造船長崎造船所で起工され、昭和13（1938）年7月に竣工している。設計は「宇洋丸」級をタイプシップとしているが、船体の深さなどはやや異なっている。竣工後は北米航路に投入されたが、昭和15（1940）年12月に海軍に徴用、改装されて特設航空機運搬船となった。徴用後は第一一航空艦隊隷下の第二二航空戦隊付属とされ、中国大陸方面で行動している。ちなみに第一一航空艦隊は「艦隊」とはいうものの複数の基地航空隊から編成される陸上部隊である。大陸に展開した基地航空隊への航空機を含む資材輸送が、「富士川丸」の任務であった。

太平洋戦争開戦後は第一一、第二三、第二二航空戦隊に所属を変えながら南方への輸送任務にあたり、補給物資などを運び、基地航空隊の展開や戦力維持を助けた。この間に敵潜水艦に幾度か狙われたこともあり、昭和18（1943）年9月には被雷、損傷しているが自力でクェゼリン環礁のルオットに辿り着くことができ、応急修理の上でトラックに移動した。以降、トラックで本格的な修理の機会を待っていたが、昭和19（1944）年2月17日の米機動部隊によるトラック島空襲に巻き込まれて沈没している。

沈没場所が浅く船体の状態がよかったこと、船内に航空機など多くの積荷があることから、ダイビングスポットとして早くから人気が高かったが、近年では映画『タイタニック』の撮影に使われたことでも知られている。

短艇甲板に残るボートダビット。救命艇などを扱うための装備であり、使用時には旋回させ、船外に張り出すようにしてボートを揚げ降ろしする。強度のあるパーツであるためか、どの船でも比較的よく残っている部分である

甲板上の船倉付近から見上げた門型のデリックポスト。コンテナ輸送が普及する前の貨物船甲板上では当たり前の光景であったはずだが、現在ではごく一部に残る記念船か、沈没船でしか見ることのできない光景だ

頂部が折れて、甲板上に横倒しとなったマスト。「富士川丸」のマストはもともと船上に直立しており、上部が海面に出ていたようだが、1990年代初期の台風によって折損したとも伝えられる。これはその状態を示しているようだ

特設航空機運搬艦「富士川丸」

【海底での邂逅】

レックダイバーに、ミクロネシア・チューク州に眠る、代表的なレック（沈没船）は？ と質問したら、おそらく「富士川丸」の名前が返ってくるのではないだろうか。

エテン島（旧日本名：竹島）の南、水深35mに、正立状態で鎮座しているこの船は、水深なども含めてダイビングの初心者にも潜りやすい船だ。お魚やサンゴの付着なども多いため、この地を訪れるダイバーに最も潜られる、チュークを代表するレックとして名高い。

この船は、特設航空機運搬船という一風変わったタイプの船であり、船の中を探索してみると、たくさんの航空機パーツを見ることができる。船倉内では零戦はもちろんのこと、ほかでは見ることのできない九六式艦戦も残されている。しかしかつては良好な状態だった本機も、残念ながらこの数年で機体が折れてしまった。

甲板部にはメモリアルプレートが設置されており、船首には15cm砲も残されている。船橋の通路部分は映画「タイタニック」でも参考にもされたという。今でもその場所を潜り泳ぐことが可能だ。

この「富士川丸」を潜り始めてから約10年が経過したことになる。その間に、美しい階段があった機関室の部屋は崩落し、マストも台風の影響などで折れてしまうなど、外観的にも多くの変化が見られた。

この船がさらに10年経ったとき、どのような姿になっているのか――。できることならば、今の姿を保っていてもらいたいと心から思う。

3

1

2

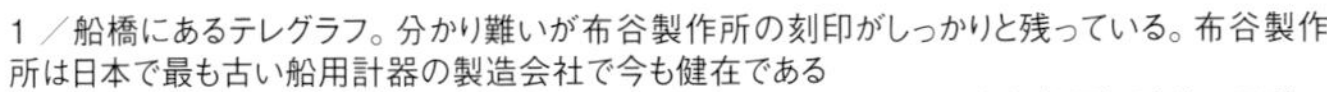

1 ／船橋にあるテレグラフ。分かり難いが布谷製作所の刻印がしっかりと残っている。布谷製作所は日本で最も古い船用計器の製造会社で今も健在である
2 ／幽玄な趣を湛える船内。「富士川丸」は海軍に徴用されているが、本来徴用解除後は原状に戻されて民間に返されるため、船内艤装などには極端な変更はなされていない。したがって、こうした部分は徴用以前と変わらないはずだ
3 ／船内に残るキッチン。海軍風にいえば「烹炊所」ということになる。写真に写っているのはコンロのようだが、軍艦のような蒸気調理ではなく、一般的な石炭コンロのようだ

船倉口の上に見えるのはデリック（ブーム）の先端部。船倉口のサイズとデリックの能力は船舶徴用の際のポイントであった。飛行機のような嵩張る貨物や大重量の輸送物件は、どのような貨物船でも扱えるというわけではないのだ

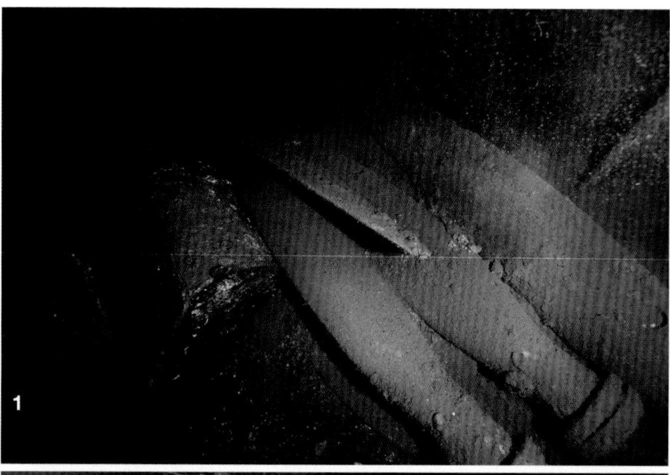

プロムナードデッキは往時のままの姿をとどめ、船内も大きな損傷はなくしっかりとしている。「富士川丸」は転覆せずに着底しており、また爆撃による上部構造の破壊もほとんどないため、当時の構造をそのまま見ることができる

1／船倉内には多数のプロペラが確認できる。プロペラは消耗品的な性格をもつ部品であり、航空隊の戦力維持のために重要な補給物件である。特設航空機運搬船である「富士川丸」に積まれているのも自然なことといえよう
2／ドラム缶やプロペラなどに埋もれるように転がる零戦の胴体。写真中央に操縦席付近が見えるのが胴体前部。上に見える断面が後部である。機体が分割されているのは、輸送中であったためだろう

特設航空機運搬艦

「富士川丸」

高さのある船倉内は、まるで朽ちた神殿のようにも見える。奥に見えるのは輸送のために分解された2機の零戦の胴体前部。手前に見えるのが九六式艦上戦闘機。昭和19年に補給されるとは考えづらいので、後方に返納する機体だったのだろう

航空機

零式艦上戦闘機二一型(Photo/USN)

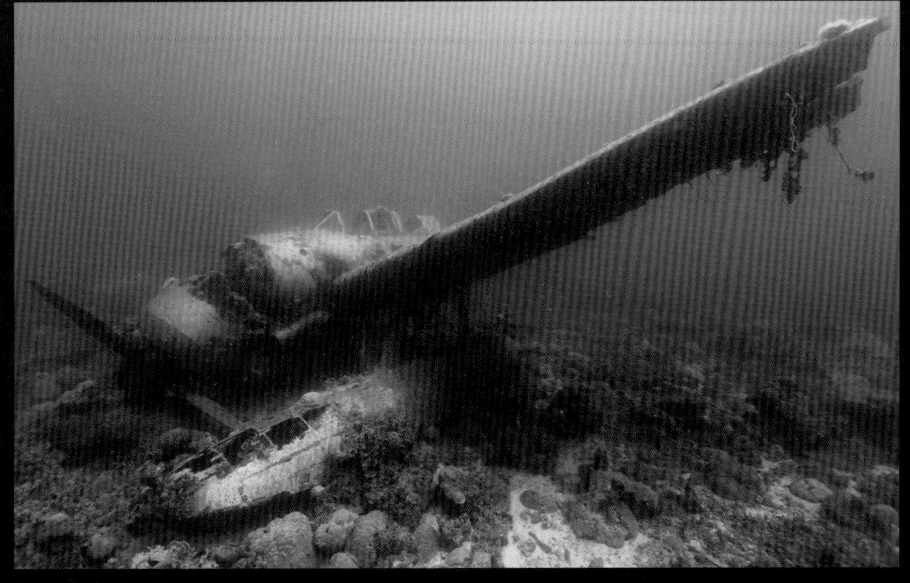
零式三座水上偵察機

二式水上戦闘機

零式艦上戦闘機
二一型

カウリング後方の覆いが失われてしまっているが、そのために防火壁に固定された潤滑油タンクやエンジン架がよく見える。エンジン架の隙間からは零戦二一型の心臓である「栄」一二型の補機類が顔を覗かせている

右翼翼端付近から胴体を見る。こうして見ると主翼後縁の辺りはかなり砂に埋もれているようで、翼の外板も腐食が進んでいることが分かる。今は原形をとどめている機首や主翼も、徐々に形を失い、自然に帰ってゆくのだろう

零式艦上戦闘機二一型

（写真／野原茂）

DATA（二一型）

全備重量	2,389kg
主要寸法	全幅12.00m ×全長8.97m×全高3.52m
エンジン	「栄」一二型 空冷星型 複列14気筒（940hp）1基
最大速度	533km/h
航続距離	3,500km
武装	20mm機銃 2挺 7.7mm機銃 2挺 爆弾120kg
乗員	1名
初飛行	昭和14（1939）年4月

沈没地点

二一型 パラオ・コロール島近海　水深 2m
五二型 パラオ・コロール島近海　水深 20m
五二甲型 パラオ・マラカル島STATION湾内　水深　4m

零式艦上戦闘機 二一型

【海底への道程】

太平洋戦争を代表する日本海軍機として真っ先に名前の挙がる機体が、「零戦」こと零式艦上戦闘機である。各型合計で1万機を超える生産機数は日本の軍用機としては最多であり、日華事変での鮮烈なデビューと緒戦の快進撃を支えた栄光、ソロモンでの死闘、特攻機として散った戦争末期の姿は、日本の戦歴をそのまま体現するものであるとすら言えよう。

パラオの海中で確認できる零戦は二一型と五二型であり、零戦初期と後期の代表的な形式である。零戦二一型は零戦最初の形式である一一型の翼端を折りたたみ可能とし、空母での運用を容易にしたもので、真珠湾攻撃など太平洋戦争前半に活躍した型式だ。

もっとも、二一型の新規生産は空母搭載用に昭和19（1944）年まで若干の改良を行いつつ、中島飛行機でライセンス生産が継続されており、一概に戦争初期の形式ともいえない。

一方の五二型は三二型で実施されたエンジンの強化などを引き継ぎつつ、翼端やカウリングの空力的洗練や推力式単排気管への改修などにより、速力向上などを実現した戦争中期以降に生産された形式である。

パラオの海中に複数の零戦が沈んでいるのは、昭和19年3月30～31日にかけてのパラオ大空襲の結果であろう。米機動部隊による大規模な空襲に対し、日本側は約30機の戦闘機が迎撃に上がったが、最終的にほぼ全機を失っている。パラオの海底に眠る零戦の多くは、この戦闘で損傷して不時着水を試みた機体ではないかと推測できる。

胴体内部を写した一枚。コケに覆われた瓶状のものは、搭乗員の使用する酸素瓶で、実際にはこの前に座席があった。あまり高々度戦闘というイメージのない零戦だが、ソロモン戦でも陸攻を護衛する零戦はしばしば6,000m以上の高度での侵攻を実施している

比較的程度のよい機首に対して、操縦席付近から後方は原形をとどめていない。写真は操縦席付近だが側壁は失われており、計器板の背後にあった7.7mm機銃の弾倉や、上部の失われた操縦桿などによって、かろうじて写真左端付近が操縦席と知れる

腐食が進む主翼。右翼の付け根付近と思われ、写真奥の方向に胴体があるはずだ。写真中央部分の外板が失われた部分が二本の主桁に挟まれた部分で、この部分が翼の剛性を受け持っていた

半ば海底に埋もれながらも、よく形状をとどめているプロペラとスピナー。カウリング上面に見える7.7mm機銃の弾道をクリアするための溝から二一型であることは明確だが、スピナーは初期のものよりも長い後期型。零戦二一型の生産は三菱での生産終了後も昭和19 年まで中島でライセンス生産されているので、この機体も中島製だろう

斜め前からみた零戦。このアングルからは零戦二一型の特徴的なカウリングがよく見える。一方で機体後方は砂に埋もれた部分以外は完全に失われているのも分かるが、プロペラ先端が水面から出るような環境では、こうした状態になるのも当然だろう

零式艦上戦闘機
五二型甲

【海底での邂逅】

パラオには複数の零式艦上戦闘機、零戦が眠っている。コロール島近海に眠っているのが二一型と五二型だ。

二一型は潮流もなく、水深も2mと浅いところにあり、スノーケリングでのアプローチも可能だ。撮影したのは2015年のことなので、現在は経年劣化などにより、少々違った姿になっているかもしれない。当時はプロペラの一部が水面から出ており、水面から目視でも確認できた。これほど浅い水深で、いまだにこれだけの形が残っていることに驚きを覚えたが、数年前に撮影された写真などと比べると、当時から劣化が進んでいたことが分かる。

五二型は水深約20mほどの砂地に眠っている。機体は上下逆さまで裏返しになった状態だが、保存状態は極めてよい。その理由として、多少水深があるということもあるが、あまりダイバーが訪れていないポイントということもあるだろう。

五二甲型はパラオのマラカル島北側にあるSTATION湾内、水深4mに眠っている。この湾はプライベートビーチのようになっており、目の前に直結するホテルの従業員などは、機種こそ不明だがその存在は知っていたという。

2016年、機体の情報を提供してくださった現地のダイビングサービス「デイドリーム・パラオ」の方々とスノーケリングで撮影を敢行。調査の結果、三菱製の零戦五二甲型ということが判明した。確認された五二甲型は、胴体前半しかないものの、オリジナルの情報を提供してくれる大変貴重な存在といえるだろう。

操縦席内の様子を後方から見る。エンジンが失われていることを勘案する必要はあるが、往時の搭乗員の視界もこのようなものであったと思うと興味深い。計器盤も操縦桿もフットバーも失われているが、かえって胴体に装備した7.7mm機銃の取り付け部などの様子がよく見える

胴体後部から機首方向を見る。奥に操縦席背後のバルクヘッドが見える。レンズの作用で、胴体はかなり長く見えるが、実際には風防後端付近からの撮影である。胴体内にはボンベを固定するための台座や金具、動翼を操作するためのワイヤーを取り回すプーリーを見ることができる

パラオで水深4mの場所にある零戦五二甲型。五二甲型の20mm機銃部分がオリジナルのまま見られるのは、この機体だけかもしれない。甲型は戦闘が激化した昭和19年から南方に投入されたため、残っている写真も少ない

海底に埋もれた機体を正面から見る。操縦席左側などに破損があるが、このアングルから見ると、胴体銃を収容した機首の膨らみが第一風防と操縦席付近につながってゆく複雑なラインが見てとれる。主翼主桁が前後とも腐食して失われているが、これは素材の特性によるもので他の機体でも同様である

第三風防付近のアップ。風防の枠はやや歪んでいるが、それでも十分に原型をとどめている。風防後端が別パーツになっているのは、輸送のために胴体を前後に分割するさいに突出する部分を別パーツにして破損を防ぐため。風防を多少短縮すればその手間も省けそうだが、設計者のこだわりなのだろう

機体を後方から見る。先ほどの前ページの胴体内を写した写真は、わずかこれだけの長さの胴体内を除きこむように撮影しており、印象の違いに驚かされると同時に、写真を見ることも難しさも思い知らされる。胴体だけではなく主翼にもかなり欠落があるが、これも主に波浪の影響によるものだろう

正面から操縦席前の防火壁を見た一枚。7.7mm機銃の銃身が貫通するための穴や滑油タンクの装備部分などが見て取れる。周囲には、脱落した部品が幾つか散らばっているようだ

零式艦上戦闘機

五二型甲

上から見た海底の零戦52型甲。鈍く光るジュラルミンが印象的である。一方で、このアングルから見ると主翼主桁の腐食がよく分かる。こうした環境では零戦の主桁に採用された「超々ジュラルミン」は経時劣化により、細かく砕けるように腐食、崩壊してゆき、主桁部分が欠落することになる

零式艦上戦闘機

五二型

透明度の高い海中で、零戦五二型を上から俯瞰して見る。尾部がやや砂中に沈み込んでいるためかレンズ効果か、若干胴体が短く見えるが、主翼や尾翼の平面型は、間違いなく零戦のそれである

半ば埋もれた機首部分を横から見る。こうしてみるとカウリングの破口が痛々しい印象。カウルフラップや潤油冷却器の空機取り入れ口が見当たらないのは腐食によるものか、着水時の衝撃によるものか。付着生物に覆われて分かりづらいが、カウリング後縁からは五二型以降の特長である、推力式短排気管が見える

斜め後方から見た零戦五二型。機体は完全に裏返ってしまっているが、かえって下げられた状態のフラップなどが確認できる。プロペラは曲がっておらず、この機体はエンジン停止状態でフラップを下ろして比較的穏やかに着水した後、海没し、海底で裏返しになったのだろう

裏返しになって海底にある零戦五二型の水平尾翼。尾翼上に転がるタンク状ものは、150リットル型の統一増槽かとも思えるが、形状も異なり、状況から見ても機体の備品とは思えない。戦後ダイビングの目印に設置されたフロートが、何らかの理由で水没してしまったのであろう

主翼後縁を写した一枚。零戦のフラップは、シンプルな開き下げ式のフラップだが、写真からも、その動作の様子が分かる。若干歪んでいるのは着水の衝撃によるものだろうか。操縦席付近は完全に砂中に埋もれているが、この機体の搭乗員は無事に脱出できたのだろうか

二式水上戦闘機

（写真／野原茂）

二式水上戦闘機

DATA

全備重量	2,460kg
主要寸法	全幅12.00m ×全長10.13m×全高4.30m
エンジン	「栄」一二型 空冷星型複列14気筒（940hp）1基
最大速度	435km/h
航続距離	1,782km
武装	20mm機銃 2挺 7.7mm機銃 2挺 爆弾60kg
乗員	1名
初飛行	昭和15（1940）年12月

沈没地点

ミクロネシア・チューク州ウエノ島近海

水深　29m

半ば砂礫に埋もれた胴体にも目立った損傷はない。風防は開けられた状態だったため、隙間から操縦席内にカメラを入れ撮影することができた

操縦席内の主計器盤はいくつか計器が失われているが、ほぼ原形を保っている。傾斜計がなく、酸素調整機が二型になっているなど、かなり後期に生産された機体のようだ

写真解説／宮崎賢治

底に裏返った状態で横たわる二式水戦。主フロートの前半部分が失われている以外は、補助フロートも残っており、ほぼ完全な状態である

【海底への道程】

二式水上戦闘機は零式艦上戦闘機を水上戦闘機化した機体であり、この種の水上戦闘機としては成功を収めた機体である。

日華事変の勃発直後、空母艦上機の上海近郊への展開が行われるまでの間、九五式二座水上偵察機が軽快な運動性能を活かして中華民国軍機と交戦しており、一定の戦果を挙げていた。こうした実績もあり、日本海軍は占領地の防空用として十五試水上戦闘機の開発を川西飛行機に命じている。しかし十五試水戦の完成までには時間がかかるため、間近に迫った日米開戦に対応する機体として、零戦の水上戦闘機化が構想された。これが二式水上戦闘機である。

開発は中島飛行機が担当し、零戦の機体にシンプルな支柱で保持されたフロートを追加したスマートな水上機として昭和16（１９４０）年12月に初飛行し、昭和18（１９４３）年９月までに３２７機が生産された。

フロートによる空気抵抗によって、原型である零戦二一型よりも速力、上昇力、航続性能などが低下していたが、それでも水上機としては高性能機であり、ソロモン方面などで防空や対潜哨戒などに活躍し、数々の撃墜戦果を記録している。

トラック諸島（現チューク諸島）では夏島（トノアス島またはデュブロン島）の水上機基地に展開した第九〇二海軍航空隊が10機の二式水戦を運用しており、昭和19（１９４４）年２月17日のトラック島空襲では６機の未帰還機を出している。写真の機体はそのうちの１機かもしれない。

主翼は超々ジュラルミンの前桁、後桁が腐食して失われているが、それ以外に大きな欠落はない。翼端は折畳機構が廃止されていることが確認できるが、パネルラインは一一型、二一型とも異なっている

方向舵は上端が埋もれているものの、完全な骨組みが残っている。下部三分の一は羽布張りでなく金属外皮である。二式水戦の開発は順調だったが、錐揉に入りやすい傾向があり、方向舵の変更、フィンの追加が行われている

尾部周りも欠品のない状態である。胴体尾部下面に追加されたフィンの厚みなど通常確認できない部分も興味深い。このフィンは錐揉み特性改善のために追加されたものだ

二式水上戦闘機

【海底での邂逅】

２０１５年、地元民が作業中に偶然、海中で航空機を発見した。どのダイビングマップにも掲載されていないその機体は、そのときには機種を判別するまでには至らなかったが、見つかったのが「私有地」（チュークは海にも所有権がある）ということもあり、他のダイバーが潜ることなく、約半年が経過した。

私自身、この地はライフワークとして毎年訪れている場所であり、いつもお世話になっているダイブショップ「トレジャーズ」の横田、海野両氏よりその情報を聞き、土地所有者と交渉していただいた結果、調査潜水の許可を得た。ウエノ島近海、水深29ｍの場所だ。

潜ってみると、海底から浮かび上がるフォルムは完全にひっくり返っているが、中央部のフロートが非常に目立つ。全体を撮影したところ、尾翼の一部に破損が見られるものの、ほぼ原型をとどめた状態の「二式水上戦闘機」（通称：二式水戦）であることが分かった。

総生産機数は３２７機、終戦時には24機が残存していたそうだが、これらの機体はすべて戦後処分されてしまい、現存する機体はない。その二式水戦がこうして見つかったことは、大変貴重であるという。

当時チュークはトラック諸島と呼ばれており、夏島には水上飛行場が整備されていた。昭和18（１９４３）年10月には約10機の二式水戦が配備されたという記録もある。そういった過去の文献などと照合して歴史を辿るのも、レックダイビングの醍醐味の一つなのではないだろうか。

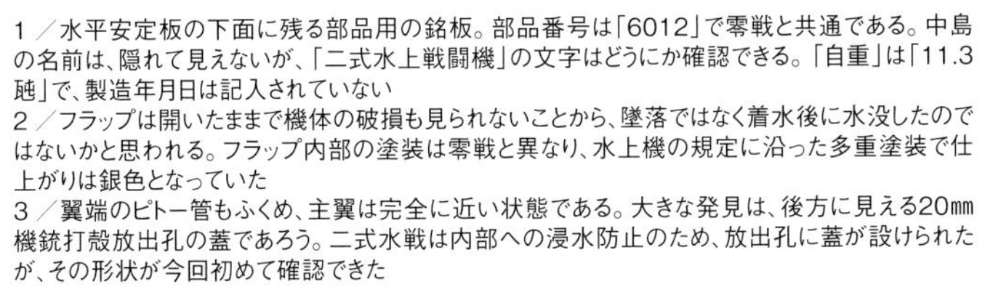

1／水平安定板の下面に残る部品用の銘板。部品番号は「6012」で零戦と共通である。中島の名前は、隠れて見えないが、「二式水上戦闘機」の文字はどうにか確認できる。「自重」は「11.3瓩」で、製造年月日は記入されていない
2／フラップは開いたままで機体の破損も見られないことから、墜落ではなく着水後に水没したのではないかと思われる。フラップ内部の塗装は零戦と異なり、水上機の規定に沿った多重塗装で仕上がりは銀色となっていた
3／翼端のピトー管もふくめ、主翼は完全に近い状態である。大きな発見は、後方に見える20㎜機銃打殻放出孔の蓋であろう。二式水戦は内部への浸水防止のため、放出孔に蓋が設けられたが、その形状が今回初めて確認できた

主フロートは支柱が前に倒れた状態となっている。機首周りもよく観察でき、
スピナーは昭和17年中盤以降に採用された大型タイプのようだ

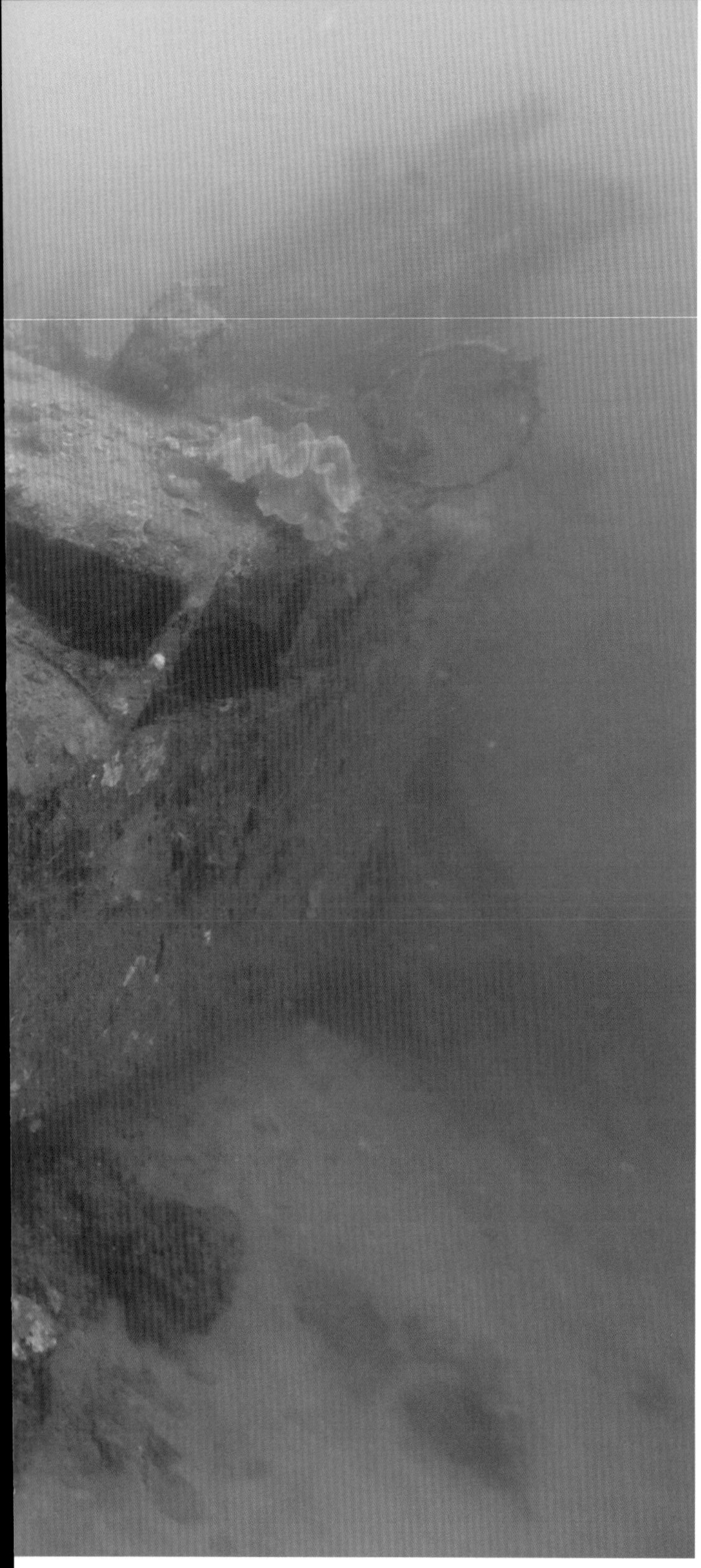

胴体は操縦席後方で破損し、分断している。機体に墜落した様子はないものの、破損の度合いが大きく、米軍の攻撃で大きく破壊されたようだ。この付近には、このほかにも複数の九七大艇が沈んでいる

大きく損壊した胴体中央部。写真のやや右に写っているのは、胴体1番燃料タンクと思われる。約4,800kmの航続距離を持つ九七大艇は、胴体内に8個の燃料タンクがあり、主翼の燃料タンクと合わせて13,000リットルの燃料を搭載した

九七式飛行艇

（写真／野原茂）

DATA（二二型）

全備重量	17,000kg
主要寸法	全幅40.00m ×全長25.63m×全高6.27m
エンジン	「金星」四六型 空冷星型 複列14気筒（1,000hp） 4基
最大速度	340km/h
航続距離	4,797km
武装	20mm機銃 1挺 7.7mm機銃 4挺 爆弾1,600kg、または航空魚雷 2本
乗員	9名
初飛行	昭和11（1936）年7月

沈没地点
ソロモン諸島・ツラギ島近海
水深　30m

機首部分には、九七式飛行艇(九七大艇)の特徴が良く表れている。二式大艇と違い胴体が低く、より船に近い印象がある。機首上面の丸い穴は7.7㎜機銃座で、機銃座をまたぐ2本の軌条は、銃座カバーがスライドするためのもの

写真解説／宮崎賢治

【海底への道程】

九七式飛行艇は二式飛行艇で有名な川西航空機(現在の新明和工業の前身)の開発した大型飛行艇である。

洋上作戦における索敵、攻撃兵力としての飛行艇の活用は古くから注目されていたが、ワシントン海軍軍縮条約によって主力艦の保有比率が対米劣勢に固定され、ロンドン海軍軍縮条約によって補助艦艇保有量も制限を受けたことによって、条約の制限外兵力として注目が高まった。こうした中で、昭和9(1934)年に九試大型飛行艇として川西航空機に試作発注された本機は、長い航続力を得るための細長い主翼をパラソル式に艇体の上に備え、最大6700㎞超の航続力を実現しており、最大速度385㎞／h(二三型)は、それまでの九一式飛行艇より100㎞／h以上高速であった。また45㎝魚雷2本か最大2トンの爆装が可能であり、索敵のみならず対艦攻撃での活躍も期待されていた。

本機の民間機型は大日本航空でも使用されて南方航路に投入されたが、これらの機体も戦争中は輸送飛行艇として海軍で運用されている。

太平洋戦争中に後継機の二式飛行艇が登場し、九七式飛行艇は前線から引き上げられた。しかし人員輸送や対潜哨戒任務などに従事して終戦まで有効な戦力であり続けた。各型合計の総生産機は輸送伊型含め約200機であるが、完全な形での現存機は存在しない。

ツラギに沈む九七式飛行艇は横浜空の所属機で、米軍のガダルカナル島上陸時、米艦載機の空襲で沈没したものである。

九七大艇も、他の大型機同様、正操縦席と副操縦席が準備されている。日本海軍では、右が正、左が副となる。長時間の飛行を実施する本機には、操縦士の負担を軽減する自動操縦装置が備えられていた

操縦席後方の機体が破損している部分に残る計器盤。これはその位置と計器の数や形状から考えて機関士用であろう。機関士席は、無線士席とともに、操縦席後方の一段下がった位置に設置されていた

操縦席には、後の二式大艇と似た形状の補助翼操作用ハンドルが付いた操縦桿が見える。九七大艇の離着水は、容易であったといわれ、離着水が難しい二式大艇より本機を好む搭乗員もいた

【海底での邂逅】

ソロモン諸島・フロリダ諸島に属するツラギ島に、この九七式飛行艇は眠っている。ツラギ島へは、ガダルカナル島から、ソロモン海戦などで多くの艦船が眠るアイアンボトムサウンドを跨ぎ、スピードボートで約1時間の距離だ。

ツラギ島にも1軒ダイブセンターがあるのだが、私の場合、ガダルカナル島・ホニアラに拠点を置いて撮影しており、「鬼怒川丸」なども案内していただいた「ツラギダイブ」(名前はツラギダイブだが、ショップはガダルカナル島にある)にお願いしている。ツラギダイブの方がレック(沈没船)に関する情報も多く持っているという判断からだ。

このツラギ島にはかつて、日本海軍の水上機基地が整えられていたそうで、水中には、数機の九七式飛行艇が存在しているようだが、私はまだ2機しか確認できていない。現地では、開発元の川西飛行機から取った「Kawanishi」であったり、連合国側のコードネームであった「Mavis」と呼ばれていた。

実際に潜ってみると、このエリアはマングローブ域に差し掛かり、透視度は普段からあまりよくないようだ。しかし、機体は操縦桿も残る機首がしっかりと形を保っており、内部を覗き見ることができる。残念ながら主翼などは裏返り、原型を留めてはいないが、水上機ならではのフロートなども残っており、当時の姿を容易に想像することができる。ぜひ一度は訪れてみてほしいポイントである。

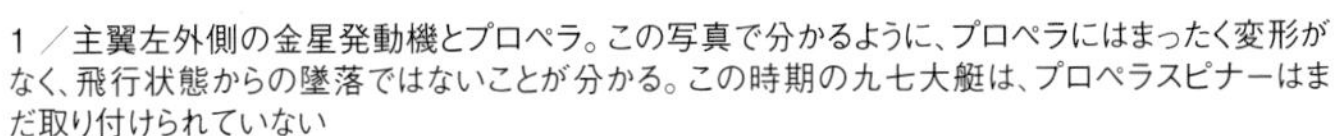

1 ／主翼左外側の金星発動機とプロペラ。この写真で分かるように、プロペラにはまったく変形がなく、飛行状態からの墜落ではないことが分かる。この時期の九七大艇は、プロペラスピナーはまだ取り付けられていない
2 ／裏返し状態の尾部旋回機銃部分。九七大艇には機銃座が５ヶ所あるが、尾部には20㎜機銃が装備されていた。写真にも扉が開いた銃座から突き出す20㎜旋回機銃が写っている
3 ／主翼の左外側は、原型を保っており、補助フロートも支柱、張り線も含めてよい状態で残っている。主翼は前桁、後桁の二桁構造で、主翼上面は波状鈑の上に平鈑を張るなどして、十分な強度を確保した

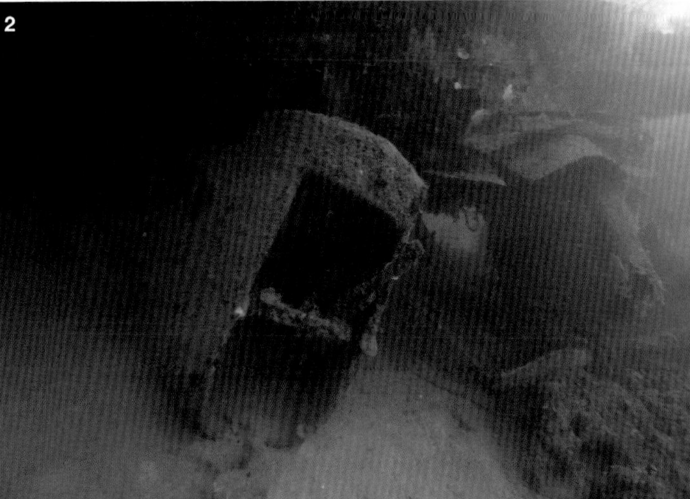

写真中央下にあるのが「金星」発動機で、その左が尾部の銃座となる。主翼が尾部に覆いかぶさるかたちで沈んでおり、主翼中央部は大きく破損している

（写真／野原茂）

艦上攻撃機「天山」一二型

DATA（一二型）

全備重量	5,200kg
主要寸法	全幅14.89m ×全長10.86m×全高4.32m
エンジン	「火星」二五型 空冷星型複列 14気筒（1,850hp）1基
最大速度	481km/h
航続距離	3,045km
武装	13mm機銃 1挺 7.92mm機銃 1挺 爆弾800kgまたは航空魚雷 1本
乗員	3名
初飛行	昭和16（1941）年3月

沈没地点
ミクロネシア・チューク州エテン島の北東
水深　36m

艦上攻撃機
「天山」

【海底への道程】

艦上攻撃機「天山」は、九七式艦上攻撃の後継機として中島飛行機によって開発・生産された。九七艦攻の開発が終った昭和14(1939)年、日本海軍は中島飛行機に対し1社指名で次期艦上攻撃の開発を命じた。この「十四試艦攻」が、後の「天山」である。

十四試艦攻に対する要求性能は、航続力3300㎞、最大速力463㎞/hと九七艦攻より大幅に引き上げられていた。中島飛行機は自社製の1800馬力級エンジン「護」の採用を前提に設計を進め、昭和17(1942)年に試作機が初飛行、昭和18(1943)年7月には「天山一一型」として部隊配備が開始された。しかし、「護」はトラブルが多発、三菱製の「火星」にエンジンを換装した一二型が開発され、この型式が主な生産型となった。

配備後は九七艦攻を代替しつつ、マリアナ沖海戦やレイテ沖海戦を始めとする戦争中期以降の主要海戦に参加、戦争末期には陸上基地からの特攻作戦にも参加している。昭和20(1945)年8月に沖縄方面で夜間雷撃による戦艦ペンシルバニアの撃破(擱座した同艦は、終戦後まで行動不能となった)は、悪化した戦局の中で華々しい活躍に恵まれなかった「天山」の数少ない戦果である。

トラックには昭和19(1944)年に空母「海鷹」によって運ばれた第五五二海軍航空隊の「天山」26機が展開していた。写真の「天山」も同隊の機体か、五八二空の機体と思われ、事故か昭和19年2月17~18日のトラック島空襲に巻き込まれて不時着したものだろう。

潜りながら機体に近付くと、透明度の低さからまるで霧の中から「天山」が浮かび上がってくるように見える。この角度から見る天山は思いのほかスマートである。はっきりと確認できないが、カウルフラップ後部に単排気管が見当たらず、この点から「護」を搭載した集合排気管の一一型であろう

写真解説／宮崎賢治

「天山」は「護」「火星」という大型の発動機を搭載し、九七艦攻から大きく飛躍した性能を目標とした。大馬力の発動機に合わせた4翅プロペラ、大型のカウリングなど、正面から見ると「天山」の迫力が十分に伝わってくる

若干距離を取り左斜め上方から望む。海底に静かに横たわる「天山」は、戦後70年を経ているとは思えないほど、往時の姿を保っている。一一型であれば582空か551空所属であった可能性があるが、確認することは難しいであろう

左斜め前からのアングル。戦後70年近く海中にあったにもかかわらず、アンテナ柱、風防ガラスが残っている。気化器空気取入導管後部覆いの位置とパネルラインからも一一型だと考えられる。五五一空の装備機のうち、22機は一一型であった

操縦席。計器盤は失われているが、操縦桿、フットバーはしっかりと残っている。起倒式の風防天蓋部は起きた位置にあり、不時着時に準備する余裕があったことを想像させる

斜め後方より前を望む。電信員席の風防が閉じているが、機銃が持ち出されていることを考えると水没後に閉じられたのではないかと思われる。搭乗員は無事に脱出したのではないだろうか

【海底での邂逅】

ミクロネシア連邦・チューク州。エテン島（旧日本名：竹島）の北東、水深36ｍの地点に、艦上攻撃機「天山」は眠っている。

この場所は、島のマングローブ域に近い場所であるために、流れもゆるやかだが、水底は泥質なことから透視度は常に悪い状態だという。

しかし、この「天山」に初めて潜ったときは、普段よりお世話になっている現地ダイビングショップ「トレジャーズ」のガイドさん曰く、「今までに何度も来ているが、その中で最も透明度がよい」と言わしめるほどの日に撮影をすることができたのはとても幸運だったといえよう。そのため撮影時は上方から、機体の全景を写真に収めることもできた。

機体はほぼ原形をとどめており、全体の構成を俯瞰できる本機は非常に貴重だ。さらにスマートな胴体や、特徴的な起倒式の風防天蓋部など、ディテールもしっかり見ることができる。チュークには数々の航空機が眠っているが、その中で、最もしっかりと形が残っている状態で見ることができるのがこの「天山」といえるだろう。

本機が果たしてどのような状況でこの場所に沈んだのかは不明なままである。しかし、撃墜や墜落の場合は激しく水面に激突をすることから機体の損傷は免れないものだが、写真をご覧いただくと分かるように、本機は損傷が少なく、ほぼ原型をとどめている。そのため、撃墜や墜落といった状況ではなく、不時着水など別の要因が可能性として考えられるそうだ。

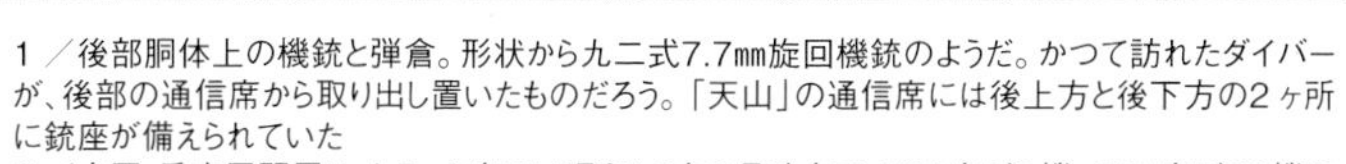

1／後部胴体上の機銃と弾倉。形状から九二式7.7㎜旋回機銃のようだ。かつて訪れたダイバーが、後部の通信席から取り出し置いたものだろう。「天山」の通信席には後上方と後下方の2ヶ所に銃座が備えられていた
2／水平・垂直尾翼周り。トラック島には昭和19年2月時点で、582空が2機、551空が26機の「天山」を装備し展開していた。「天山」の初陣は昭和18 年11月のブーゲンビル沖航空戦で582空によるものである
3／右舷側からのアングル。なぜか操縦席付近の外板は左右ともに失われているが、他の部分はしっかりとしているので、水没後に記念品としてはがされたのかもしれない。各風防は最後部を除き全開状態となっている

機体に大きな破損がみられず風防が開放されていることから、発動機の故障などで不時着水した機体ではないだろうか。ファウラーフラップが降りており、これも不時着水であったことを暗示しているように思える

操縦席付近の様子を見る。風防のガラスは失われ、一部のパネルも脱落しているが、機首付近の程度は非常によく、さまざまなディティールを確認することができる。

鋼製のエンジンマウントが早くに腐食してしまい、エンジンの重量を支えることができなくなった結果、エンジンはカウリングごと脱落してしまっている。標準的な零式三座水偵は集合排気管であり、各シリンダーの背面左右に半円状の排気管が半ば付着生物に埋もれながらも確認できる

零式三座水上偵察機

DATA（一一型）

全備重量	3,650kg
主要寸法	全幅14.50m ×全長11.49m×全高4.78m
エンジン	「金星」四三型 空冷星型 複列14気筒（1,060hp） 1基
最大速度	367km/h
航続距離	3,326km
武装	20mm機銃 1挺（特別装備） 7.7mm機銃 1挺 爆弾250kg
乗員	3名
初飛行	昭和14（1939）年1月

沈没地点
パラオ・コロール島の西
水深　12m

エンジンが脱落して「お辞儀」をした状態になっているが、機体前半は比較的よく原形をとどめている。本機は終戦まで愛知航空機および渡辺飛行機で合計1423 機が生産されたが、完全な形で現存する機体は知られておらず（唯一、鹿児島県の万世特攻平和祈念館の展示が比較的状態がよい）海底に残るこの機体も貴重な存在ではある

【海底への道程】

零式三座水上偵察機は、昭和12（1937）年に十二試三座水上偵察機として、十二試二座水上偵察機と同時に試作発注された水上偵察機である。この二種の水上偵察機は、空母艦上機を補助する攻撃的な運用が計画されており、二座水偵は急降下爆撃、三座水偵も水平爆撃が可能であることが要求されていた。この要求は、特に二座水偵には過酷なものであり、結果的に十二試二座水偵は不採用となって、十四試として仕切り直しになるが、比較的穏当な要求であった十二試三座水偵の開発は順調に進み、昭和15（1940）年に零式三座水上偵察機として採用された。

採用後の零式三座水偵は機体強度不足など多少の問題はあったが、段階的に改良され、太平洋戦争開戦前から巡洋艦や水上機母艦の搭載機として活躍し、太平洋戦争でも全期間にわたって偵察や哨戒、軽攻撃に活躍、ソロモン方面では20㎜機銃を搭載して魚雷艇攻撃に専従した機体もある。また太平洋戦争末期には電探や磁探を装備して対潜哨戒を実施、戦後に接収したフランス海軍は本機に高い評価を与え、インドシナ方面で偵察や連絡、軽攻撃に使用できる万能機として長期間運用している。

日本海軍の展開した地域ではおおむね姿を見ることのできた零式三座水偵は、パラオでも艦艇の搭載機や基地航空隊の装備機として運用されており、写真の機体は昭和19（1944）年3月30日から4月1日のパラオ大空襲によって海没した機体かもしれない。

零式三座水上偵察機

こうして見ると意外に風防の背が高いが、これは偵察機として必須の良好な視界を確保するためだろう。プロペラは曲がっておらず原形を止めているから、着水時にはエンジンは停止していたものと思われる。エンジントラブルで墜落した、という目撃者の証言は正しいだろう

やや歪んでいるようだが、胴体とフロートを繋ぐ支柱も残っている。この部分は零式三座水偵が部隊配備された後に強度問題が指摘された部分で、胴体下面の強度改善とともにフロートと胴体を繋ぐ張線の補強などの対処をへて、最終的には写真の機体のように斜めの支柱を追加している

機首下面に残る消炎排気管。通常の集合排気管に接続するかたちで装備され、夜間の排気炎を目立たなくするためのもの。敵による発見を難しくするとともに、搭乗員が排気炎に幻惑されるのを防ぐ効果もあった。やや武骨な印象で、空気抵抗もそれなりにあったと思われるが、それを上回る実用上のメリットがあったのだろう

【海底での邂逅】

パラオのコロール島に眠るこの航空機は、私も写真展などで大きく扱っているが、非常にしっかりと原形をとどめているのが特徴だ。フロートを支えに、凛として海底に鎮座する姿は、当時の姿を思わせる。

この機体の名は愛知航空機製Ｅ13Ａ 零式水上偵察機（零式三座水上偵察機）。本来は長距離の索敵や敵艦隊への夜間長時間接触を目的に開発された機体だが、使いやすい汎用機として、索敵や哨戒という本来の任務以外にも救難や人員輸送、魚雷艇攻撃など多様な活躍を見せた。

連合軍がこの偵察機のコードネームを〝ＪＡＫＥ〟と呼んでいたことから、現地では本機のことを「ＪＡＫＥ ＳＥＡ ＰＬＡＮＥ」と呼んでいる。

水深12ｍに眠る機体は座席より後ろ部分がポッキリと折れてしまってはいるものの、このパラオの水中で見られる当時の航空機の中ではもっとも保存状態のよいものといえるだろう。水深が浅いために、光がよく届き、塗装の剥がれたジュラルミンの機体は光を反射してぼんやりと光って見える。そのため、スノーケリングなどでも水面から機体を見ることができる。

現地の方の話では、撃墜などではなく、エンジントラブルを起こし、墜落したと伝えられているとのこと。この機体と出会ってもう5年以上が経つが、少しずつではあるものの、機体の一部が壊れてきている。近い将来、機体を支えているフロートなども折れ、この姿を見ることもできなくなってしまうのであろう。

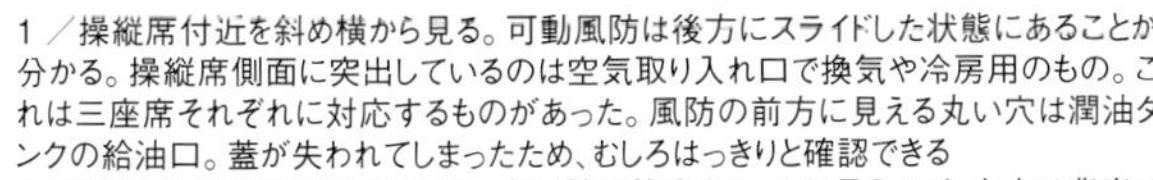

1／操縦席付近を斜め横から見る。可動風防は後方にスライドした状態にあることが分かる。操縦席側面に突出しているのは空気取り入れ口で換気や冷房用のもの。これは三座席それぞれに対応するものがあった。風防の前方に見える丸い穴は潤油タンクの給油口。蓋が失われてしまったため、むしろはっきりと確認できる
2／機内には座席が残されている。金属性の簡素なシートに見えるが、本来は背当てもあり尻の下にはクッションをしいていたはずである。水深が浅いこともあって付着生物に覆われてはいるが、機体内部にもいくらか艤装品が残っているようだ
3／やや視点が低いが、偵察員席からの視界を再現した一枚。往時の実機の機内イメージを喚起する写真ではある。付着生物のためによく見えないが、計器盤などの主立った艤装品は残されてはいないようだ

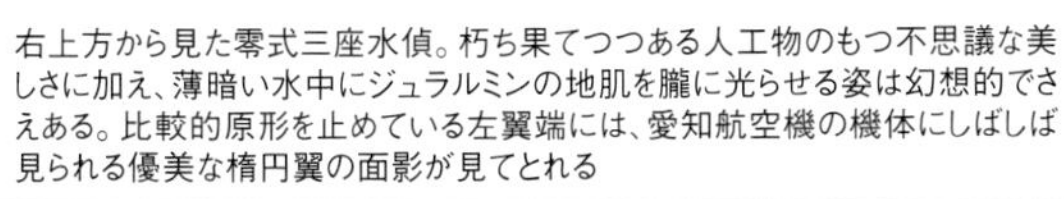

右上方から見た零式三座水偵。朽ち果てつつある人工物のもつ不思議な美しさに加え、薄暗い水中にジュラルミンの地肌を朧に光らせる姿は幻想的でさえある。比較的原形を止めている左翼端には、愛知航空機の機体にしばしば見られる優美な楕円翼の面影が見てとれる

操縦席から第一風防越しに外を見る。操縦席内部の計器盤はなく、さらにその前の発動機取付面まで防火壁もなく素通し状態である。このことから発動機は取り外された状態で投棄された可能性が高い

操縦席内部はご覧の通り、ほぼ何もない状態である。「彩雲」の胴体は「誉」に合わせて細く絞られているが、計器板、フットバーやその他の艤装品がない状態では広く感じられる

「彩雲」は三座の単発機で「天山」と印象が似たデザインだが、胴体はかなり細く絞られている。また、高さをおさえた風防は「彩雲」の特徴の一つで、「天山」よりも低く丸みを帯びている

艦上偵察機

「彩雲」

DATA

全備重量	4,500kg
主要寸法	全幅12.50m ×全長11.15m×全高3.96m
エンジン	「誉」二一型 空冷星型 複列18気筒(1,990hp) 1基
最大速度	609km/h
航続距離	3,080km
武　　装	7.92mm機銃 1挺
乗　　員	3名
初 飛 行	昭和18(1943)年5月

沈没地点
ミクロネシア・チューク州ウエノ島の西
水深　16m

写真解説／宮崎賢治

【海底への道程】

艦上偵察機は日本海軍が空母を導入した時点から構想されていた機種であったが、それが実際に戦力化されたのは太平洋戦争期のことである。これは艦偵に要求される能力が、ある程度まで艦爆や艦攻で代替可能であったからであり、艦攻を三座化することで艦偵を兼用する方向に戦力化が進んだからだ。だが十六試艦攻として開発が進められた「流星」において、艦爆と艦攻が機種統合された複座機として開発が進められるようになると、偵察員を乗せた三座の艦偵を整備する必要に迫られた。

こうした背景の下、「彩雲」は高速と長大な航続力をもつ新型艦上偵察機、十七試艦偵として中島飛行機で開発が開始された。設計初期の段階では実用２０００馬力級エンジンがないことから、１０００馬力級エンジンを串形に配置する特異なデザインが模索されたものの、中島飛行機の発動機部門が開発した２０００馬力級エンジンの「誉」の完成により、オーソドックスな形態の機体として完成している。

もっとも「彩雲」が実用化された時期には日本海軍の空母機動部隊はその戦闘力を失いつつあり、「彩雲」はもっぱら基地航空隊で運用された。

春島（現ウエノ島またはモエン島）付近に沈む「彩雲」もそうした機体のうちの一機であるが、昭和19（１９４４）年2月のトラック島空襲の時点ではトラック島に「彩雲」の配備はなく、その後に配備された機体なのだろう。このため、この機体は長い間、印象の似た「天山」と誤認されていた。

機体を側面から見ると、艦上機らしく操縦席が主翼に対してかなり前に位置している。継ぎ目とリベットの少ない厚板を採用した主翼の主桁は折れてしまっているが、外板表面が平滑に仕上げられていることは見てとれる。主翼上面の外板が外れている部分は3番燃料タンクの収容部分

電信席後方の特徴のある旋回機銃の支基部分。旋回機銃はドイツ・ラインメタル社のMG15を国産化した一式7.9mm旋回機銃がボールマウントで装備される

写っているのは操縦席と偵察席の間の部分で、右側が操縦席となる。中央の箱状の台には偵察席用の三式航空羅針儀が取り付けられる。長距離を飛ぶ偵察機に相応しく、「彩雲」には操縦席と偵察席の2ヶ所に羅針儀があった

【海底での邂逅】

チュークには「天山」によく似たシルエットの「彩雲」も眠っている。場所はウエノ島(旧日本名：春島)の西、水深16mである。

この機体はエンジンやコクピットの計器類が取り払われていること、周囲に翼や胴体の一部が散乱していることから、この場所で廃棄されたのではないかと推測されている。

「彩雲」は前述の通り、機体のシルエットが「天山」に酷似しており、チュークのダイビングマップには、この「彩雲」は「天山」として明記されていた。

しかし、この「彩雲」を「天山」として撮影をするために潜った際、一緒に潜った友人が、尾翼などの位置から「この機体は『天山』ではないのではないか」ということに気付き、詳しく調べてみた。その結果、この「天山」が、実は「彩雲」であることが判明したということもあり、思い入れのある機体である。

撮影時の「彩雲」は往時の姿を想起するには十分なシルエットを保っており、コクピットこそ計器盤などの艤装品のない状態だが、「天山」同様の起倒式遮風板や空中線支柱に、電信室後方の特徴的な旋回機銃の支基部分もしっかりと確認できる。

確認されている「彩雲」の現存機は他に2機あるだけであり、エンジン、プロペラなどがないとはいえ、ほぼ原形をとどめたこの3機目の「彩雲」は、コクピット内部、主翼上面等、貴重な情報を伝えてくれるものであるといえよう。

1／後方から機首に向かって見た「彩雲」は長い風防が印象的だ。「彩雲」は、正面面積を小さくすることを目指し、風防の高さも出来るだけ低いものとされた
2／斜め前から見た「彩雲」。完全な状態のアンテナ支柱が残っている。「誉」発動機がないため、かえって風防から前の胴体と発動機架覆部分が思った以上に長いことに気が付かされる
3／左主翼の3番燃料タンク収容部近辺。主翼が折れているため、なかなか見られない「彩雲」の層流翼が観察できる。翼型は中島独自のKシリーズが使われており、これは当時世界で最も優秀な層流翼の一つだった

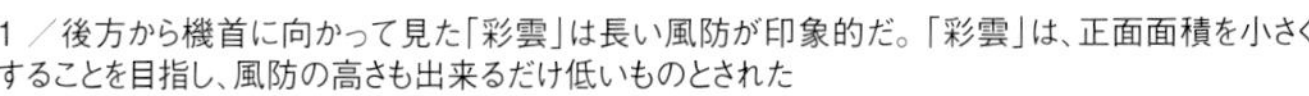

「彩雲」の垂直尾翼は左にオフセットされ、水平尾翼は高揚力装置作動時の揚力中心の移動に対応するために、フラップと連動し、迎え角が変化する可動式だった。写真では少し分かりづらいが、方向舵の前傾も確認できる

「隼」二型の丸みが強いカウリングがよく分かる。二型の発動機は、一段二速過給機付きの中島ハ115で海軍の「栄」二一型と同等だが、発動機前方の減速室覆が短いため、カウリングの先端部分は零戦に比べ絞り込みが強い

写真中央下で胴体側面に出ている集合排気管は、昭和19年以降に採用された推力式である。陸軍戦闘機のカウリングは、数枚のパネルで構成されているのが主流で、発動機部にはそのパネルが付くフレームが確認できる

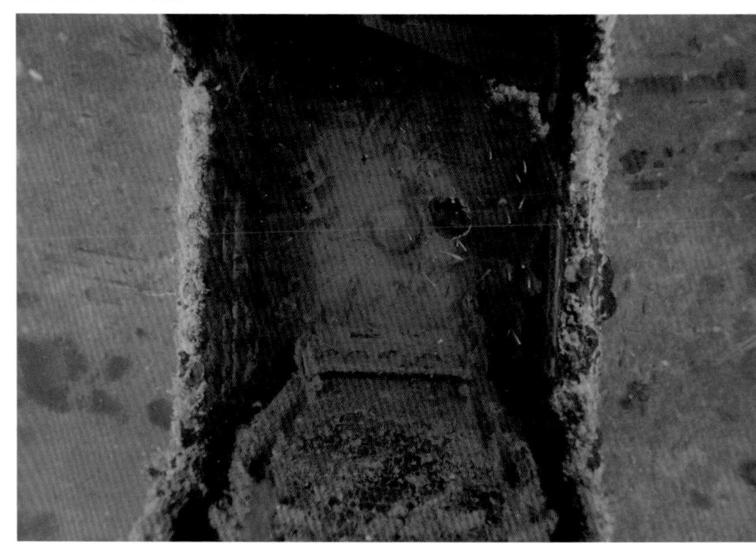

操縦席内には、あまり艤装品が見られず、計器類も残っていなかった。場所から考えると、沈んだ後に取り外されたとも思えず、もしかしたら不時着水ではなく投棄された機体だったのかも知れない

一式戦闘機「隼」

(写真／野原茂)

一式戦闘機「隼」二型

DATA(二型)

全備重量	2,590kg
主要寸法	全幅10.84m ×全長8.92m×全高3.09m
エンジン	ハ115 空冷星型 複列14気筒(1,150hp) 1基
最大速度	515km/h
航続距離	3,000km
武装	12.7mm機銃 2挺 爆弾 500kg もしくはタ弾 2発
乗員	1名
初飛行	昭和13(1938)年12月

沈没地点
フィリピン・ブスアンガ島の北
水深 40m

写真解説／宮崎賢治

【海底への道程】

一式戦闘機（キ64）は太平洋戦争期の日本陸軍を代表する戦闘機であり、開戦から終戦までの全期間にわたって第一線で戦い続けた戦闘機でもある。だがその実用化までは、紆余曲折があった。昭和13（1938）年に初飛行したキ64試作機の評価は高いものではなかったからだ。キ64は当時の主力戦闘機である九七式戦闘機と比較して水平面での運動性で劣る一方で、速度性能では圧倒的というほどの優位に立てなかったのである。

それにもかかわらず、キ64が一式戦闘機として戦力化された背景には、予想された対英米戦では長距離侵攻用戦闘機が必要であり、キ64にはその適正があったからだ。事実上の長距離戦闘機として戦力化されたキ64は一式戦闘機としてマレー作戦やビルマ侵攻戦で予想以上の活躍を示し、二型、三型とエンジンと機体の改良を行いながら太平洋戦争を戦い抜いた。戦争末期には軽爆撃機に代わって戦闘爆撃機としても運用され、特攻機として散っていった機体も少なくない。また映画『加藤隼戦闘隊』のヒットもあり、当時の国民にとって「隼」の知名度は高く、長く「海軍新型戦闘機」であった零戦を上回るものがあった。

フィリピンの海底に眠る一式戦は、昭和19（1944）年後半から昭和20（1945）年初頭まで続いた、いわゆる「比島決戦」に投入された機体と思われる。しかしこの戦いでは複数の一式戦装備部隊が投入されているため、所属部隊について特定することは難しい。

風防は、完全な状態で残っている。「隼」の風防はあまり大きなものではなく、可動部を閉じた状態では、頭部に余裕のない窮屈な状態だったと思われる。陸軍では、戦闘時に風防を開けることが多かったといい、大きな問題とはならなかったようだ

「隼」の主翼は、前縁が左右で直線となる中島製陸軍戦闘機に共通のものだ。桁は、九七式戦闘機で実績のある三本で、桁の間に合計で564Lの燃料を積む4個のタンクを載せたため、主翼への機関銃搭載には対応できなかった

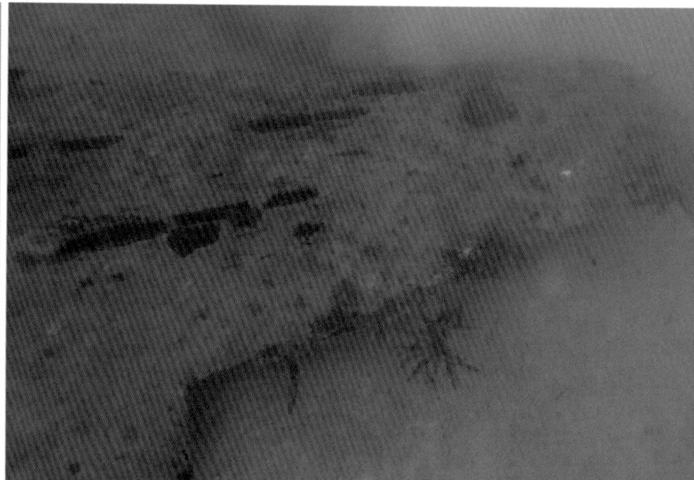

補助翼は一部の骨組みが残るだけだが、主翼自体はしっかりとしている。二型の主翼は、横方向の運動性向上を目的として翼幅が一型と比べ60cm短縮されているが、速度の向上にも効果があったと思われる。

【海底での邂逅】

「コロンで『隼』が見つかった！」――海外の有名カメラマンからの情報をキャッチした私は、すぐに現地でお世話になっていた、コロンでダイビングショップを経営していた日本人の斎藤勉氏に依頼し、情報を持っているというダイビングショップのマネージャーに、「取材をしたい！」とアプローチをしていただいた。しかし、なかなかよい返事をもらうことができなかった。話を聞くと、他のショップに情報が流出することによる、機体の破損や盗難などを警戒しており、場所などは教えたくないとのことであった。粘り強く交渉してもらったところ、なんとか了承してもらい、彼らのルール（必ずチェックダイブとして1日別に設けることなど）に従い、撮影に望むことが可能となった。

この「隼」は、コロンに眠っているといわれている他の船を探索中に、たまたま見つかったとのこと。GPSなどの記録は付けずに、潜水ポイントは山立て（昔からある伝統的な漁師などの位置の特定方法で、周りの景色の交わる点などを覚えておき、現在位置を調整する方法）で見極める。

ガイドが先にエントリーして、撮影対象となる「隼」を見つけたら、水中よりライン付きのブイを上げる。ダイバーはそのラインに沿って潜行するという方法だ。

水深も40mと深く、透視度は非常に悪いことから、水底はかなり暗かったのを思い出す。できれば透視度のよいときに、もう一度撮影にいけたらと思っている。

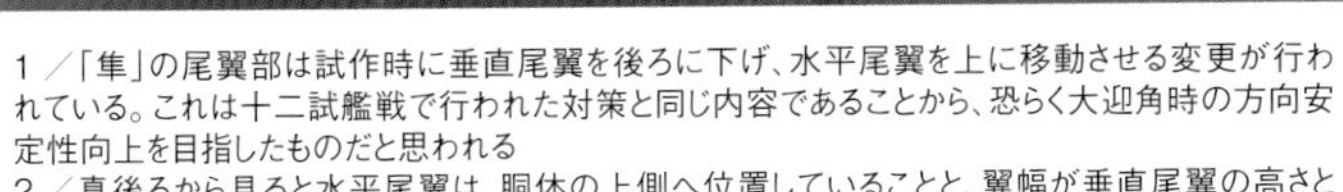

1／「隼」の尾翼部は試作時に垂直尾翼を後ろに下げ、水平尾翼を上に移動させる変更が行われている。これは十二試艦戦で行われた対策と同じ内容であることから、恐らく大迎角時の方向安定性向上を目指したものだと思われる
2／真後ろから見ると水平尾翼は、胴体の上側へ位置していることと、翼幅が垂直尾翼の高さと比べて大きいことが分かる。方向舵は垂直旋回時の効きをよくするために下まで伸びる形式となったのも、試作時からの変更である
3／「隼」以降の中島が設計した戦闘機では、尾翼周りにかなり変化がある。「隼」の尾翼は写真の通りだが、これが二式戦「鍾馗」では垂直尾翼がもっと後ろになり、四式戦「疾風」でも方向舵の位置は、昇降舵より後ろとなっている

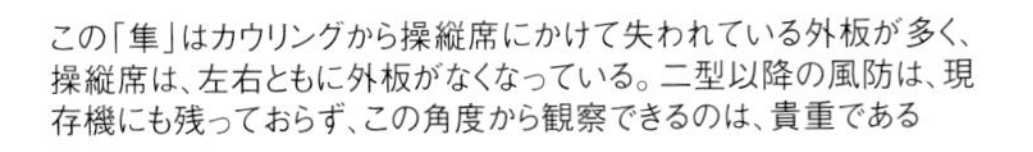

この「隼」はカウリングから操縦席にかけて失われている外板が多く、操縦席は、左右ともに外板がなくなっている。二型以降の風防は、現存機にも残っておらず、この角度から観察できるのは、貴重である

一式陸上攻撃機

一式陸上攻撃機二二型

DATA（一一型）

全備重量	9,500kg
主要寸法	全幅24.88m ×全長19.97m×全高4.90m
エンジン	「金星」一一型 空冷星型 複列14気筒（1,530hp）2基
最大速度	428km/h
航続距離	4,287km
武装	20mm機銃 1挺 7.7mm機銃 4挺 爆弾800kgまたは航空魚雷 1本
乗員	7名
初飛行	昭和14（1939）年10月

沈没地点
ミクロネシア・チューク州エテン島の西
水深　18m

操縦後方の機銃座のアップ。一式陸攻一一型では、この機銃座には7.7mm機銃を装備していた。だがこの程度では火力不足として、全面的に設計を改めた二二型では20mm機銃を装備した動力銃座となった

斜め後ろからの撮影。ダイバーとの対比でこの機体のサイズがよく分かる。一式陸攻は第二次大戦期の双発機としては大柄な機体であり、全長19.97m、全幅24.88mは同じ双発機であるB-25の全長16.1 m、全幅20.6mより一回り大きく、四発機であるB-17の全長22.6m、全幅31.6mより一回り小さい程度

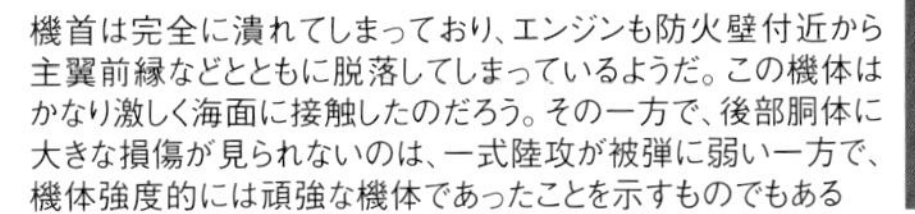

機首は完全に潰れてしまっており、エンジンも防火壁付近から主翼前縁などとともに脱落してしまっているようだ。この機体はかなり激しく海面に接触したのだろう。その一方で、後部胴体に大きな損傷が見られないのは、一式陸攻が被弾に弱い一方で、機体強度的には頑強な機体であったことを示すものでもある

【海底への道程】

一式陸上攻撃機は、九六式陸上攻撃機の後継機として開発された双発攻撃機である。日本海軍の陸上攻撃機は本来、艦隊決戦において敵艦船を攻撃する目的で整備されており、一式陸攻もその意味では対艦攻撃機であるが、同時に日華事変で明らかになった九六陸攻の敵戦闘機への脆弱性に対して、強力な防御火力と高高度高速侵攻能力も重視した設計であり、事変対応型陸攻という側面もある機体であった。なお防弾については検討されたが、双発機では防御火力、速度性能、航続力と両立することはできないために諦めている。

太平洋戦争では開戦劈頭のマレー沖海戦での英戦艦撃沈やフィリピンにおける航空撃滅戦で活躍した。しかし昭和17（1942）年2月の米機動部隊迎撃では戦闘機の直援なく出撃した17機中13機を失うなど、敵戦闘機との交戦を避けることができない状況では、防弾装備の欠如によってしばしば大きな損害を被ったことも事実である。

太平洋戦争中に改良が加えられ、全面的に設計を改めた二二型では防弾性能が強化されるなど、段階的に改良が実施されたが、航続力と引き換えに防弾を強化した三四型は戦争末期に少数が生産されただけに終わった。竹島（現エテン島）付近に沈んでいる一式陸攻は一一型であり、太平洋戦争中期以前の主力機である。トラック環礁には米機動部隊の空襲を受けた昭和19（1944）年2月の時点で一式陸攻を装備した七五三空や七五五空が展開していたが、この機体の所属については分からない。

機首部は着水の衝撃によってかバラバラになっており、エンジンも脱落しているが、その後方の胴体はよく原形を止めている。塗装が完全に剥落した結果、ジュラルミン製の機体は海底で金色に輝いている。葉巻型の胴体の形状もよく分かる

胴体中央部の側方機銃の装備位置。アーモンド形の開口部には、本来風防があり、7.7mm機銃が装備されていたが、風防は失われているようだ。一式陸攻一一型は機首と機体上面、胴体左右の4ヶ所に7.7mm機銃を装備しており、尾部には20mm機銃を備えていた

この機体は機内にも入れるようで、機体内部の様子が写真に記録されている。奥に明るく見えている開口部が破壊された機首。機内の目立った艤装品は機外に持ち出されているようであるが、床板の波板(コルゲート板)がきれいに残っているなど、状態は悪くなさそうである

【海底での邂逅】

ミクロネシア連邦、チューク州では多くの航空機と海底で出会うことができるが、この一式陸上攻撃機もその一機である。被弾には脆弱だったものの、太平洋戦争中期であっても相応の生残性を発揮したが、昼間雷撃などでは不十分な防弾艤装のために、致命的な損害を生じることも多かった。

機体はエテン島(旧日本名：竹島)の西、水深約18mに静かに眠っている。現地では、当時の連合国側のコードネームであった「Betty」と呼ばれているいうポイントだ。このポイントは他の艦船などより水深が浅いため、1日のダイビングの最後などに潜られることが多い。

機体の塗装は剥げてしまっているが、ジュラルミン製の機体は錆びることなく陽光を浴びることでいまだ金色に輝いている。なにより葉巻型の美しい胴体は、機首を除けばほぼ原形を留めた状態で残っている。

胴体がしっかり原形をとどめているため、破損してしまった機首から機体内部に入り、その中をくぐり抜けることも可能だ。着水の衝撃によるものかは不明だが、その機体から少し離れた所には、プロペラが付いたままのエンジンも見てとれる。

翼には小さく製造メーカーである三菱の刻印が残っていたり、機体の脇に並べて置かれている、かつて機内から持ち出されたらしき座席や、無線機なども見ることができる。大きな機体のみ目を奪われがちだが、注意深く見てみると、多くの発見を得ることができるだろう。

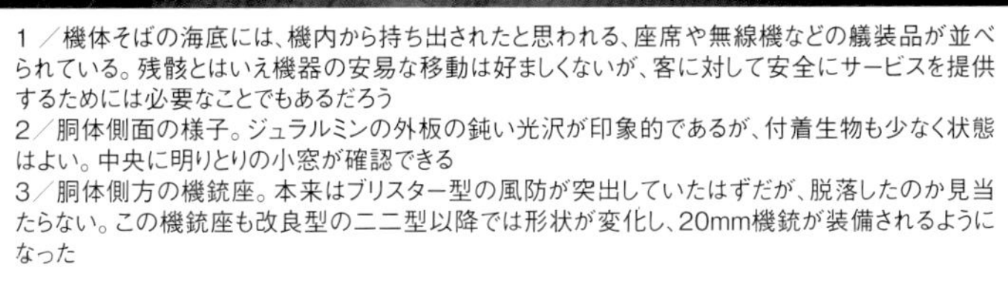

1／機体そばの海底には、機内から持ち出されたと思われる、座席や無線機などの艤装品が並べられている。残骸とはいえ機器の安易な移動は好ましくないが、客に対して安全にサービスを提供するためには必要なことでもあるだろう
2／胴体側面の様子。ジュラルミンの外板の鈍い光沢が印象的であるが、付着生物も少なく状態はよい。中央に明りとりの小窓が確認できる
3／胴体側方の機銃座。本来はブリスター型の風防が突出していたはずだが、脱落したのか見当たらない。この機銃座も改良型の二二型以降では形状が変化し、20mm機銃が装備されるようになった

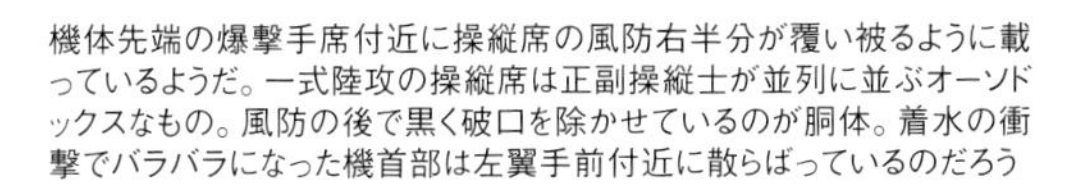

機体先端の爆撃手席付近に操縦席の風防右半分が覆い被るように載っているようだ。一式陸攻の操縦席は正副操縦士が並列に並ぶオーソドックスなもの。風防の後で黒く破口を除かせているのが胴体。着水の衝撃でバラバラになった機首部は左翼手前付近に散らばっているのだろう

蒼海の碑銘
――海底の戦争遺産

令和2年8月15日発行

発行人 ――――――― 塩谷茂代
発行所 ――――――― イカロス出版株式会社
〒162-8616 東京都新宿区市谷本村町2-3
[電話]販売部 03-3267-2766
編集部 03-3267-2868
[URL]https://www.ikaros.jp/
印　刷 ――――――― 図書印刷株式会社

Printed in Japan

戸村裕行
(とむら・ひろゆき)
Tomura Hiroyuki

1982年生まれ。世界の海を巡り、大型海洋生物からマクロの生物まで、さまざまな水中景観を撮影し続けている写真家。 生物の躍動感や海の色彩を意識したその作品は、ダイビングやカメラ専門誌を中心に発表されている。また、ライフワークとして第二次世界大戦中に海底に眠ることとなった日本の艦船や航空機などの撮影を世界各地で続け、その取材内容は「海底のレクイエム」として軍事専門誌・月刊「丸」の人気コンテンツとして毎月連載を続けており、2018年には靖國神社・遊就館にてそれらをまとめた水中写真展「群青の追憶」を開催。ダイバー向けにも「歴史を知るダイビング」として、レック(沈船)ダイビングの普及にも努めている。執筆、講演など多数。

オフィシャルウェブサイト：
https://www.hiroyuki-tomura.com/

写真　戸村裕行

執筆
海底での邂逅　戸村裕行
海底への道程・写真解説(特記以外)　小高正稔
写真解説(特記ページ)　宮崎賢治

表紙・本文デザイン　FROG(藤原未奈子)

取材協力(ダイビングサービス)
AQUA academy(グアム)
BLUE MARLIN(パラオ)
CORON DIVE(コロン・フィリピン)
DAYDREAM PALAU(パラオ)
Indies Trader Marine Adventures(ビキニ環礁)
Love& Blue(柳井市)
Sea Treasures(ウラジオストック)
TREASURES(チューク・ミクロネシア連邦)
Tulagi Dive(ソロモン諸島)

取材協力(旅行会社)
有限会社ピーエヌジージャパン
株式会社エス・ティー・ワールド

機材協力
有限会社イノン
オリンパス株式会社
株式会社フィッシュアイ
株式会社モビーディック(MOBBY'S)
HEAD Japan 株式会社(mares)

Special Thanks(敬称略)
月刊「丸」編集部
月刊マリンダイビング編集部
雑誌DIVER編集部
スキューバダイビングと海の総合サイト・オーシャナ
公益財団法人水交会
靖國神社・遊就館
駆逐艦菊月会
大和ミュージアム(呉市海事歴史科学館)
アーバンスポーツ(鶴岡市)
Dive pro shop evis(名古屋市)
PADI Japan(ダイビング指導団体)
TDI/SDI/ERDI JAPAN(ダイビング指導団体)
青木家(生駒市)